U0296473

分数阶系统的分岔与共振

杨建华 著

科学出版社

北京

内 容 简 介

分数阶微积分及相关研究是近年来科研领域的研究热点，该项研究不仅具有重要的理论意义，而且具有潜在的应用价值。本书内容主要取材于作者及合作者近几年的研究成果，深入浅出地讲解分数阶系统的分岔与共振行为。

本书侧重于介绍分数阶系统分岔与共振的一些新的研究方法，这些方法有的是作者近年来所提出的，有的是作者对原方法进行的改进与发展。全书内容共分为 9 章，涉及不同周期激励下分数阶线性系统的共振分析，不同分数阶非线性系统的叉形分岔、鞍结分岔、跨临界分岔、分岔转换以及分岔行为对共振现象的影响。本书采用待定系数法研究分数阶线性系统的稳态响应，使求解过程大为简化，发展了"快慢变量分离法"用以研究双频周期信号激励下分数阶非线性系统的分岔与共振行为，作者提出了三种不同的数值方法模拟平衡点的静态分岔，研究了分数阶阻尼对响应幅值增益及共振模式的影响规律。

本书不仅有理论研究，还给出了关键图形的 MATLAB 仿真程序供读者参考。本书中系统所受的激励，既可视为力，也可视为各种形式的信号。本书适合于机械、力学、通信、物理、应用数学等领域的科研人员参考使用。

图书在版编目(CIP)数据

分数阶系统的分岔与共振/杨建华著. —北京：科学出版社，2017.2
　ISBN 978-7-03-051750-0

Ⅰ.①分⋯　Ⅱ.①杨⋯　Ⅲ.①线性系统(自动化) – 系统分析②非线性系统(自动化) – 系统分析　Ⅳ.①TP271

中国版本图书馆 CIP 数据核字(2017) 第 027124 号

责任编辑：惠　雪　沈　旭/责任校对：李　影
责任印制：赵　博/封面设计：许　瑞

科学出版社 出版
北京东黄城根北街 16 号
邮政编码：100717
http://www.sciencep.com

北京天宇星印刷厂印刷
科学出版社发行　各地新华书店经销
*
2017 年 3 月第 一 版　开本：720×1000 1/16
2025 年 4 月第七次印刷　印张：11
字数：220 000
定价：**79.00 元**
(如有印装质量问题，我社负责调换)

前　　言

分数阶微积分的提出具有悠久的历史，但在进入 21 世纪之后才有了飞跃性的发展。目前分数阶微积分是科学与工程领域的研究热点，虽然已取得了丰富的成果，但距其在工程中广泛地实际应用还有较远距离。分数阶系统具有常规整数阶系统不具有的优点，甚至被一些科研人员称为"21 世纪系统"。由此可见，研究分数阶微积分以及分数阶系统的动力学行为具有重要的意义和价值。

本书主要研究分数阶系统的分岔与共振行为，侧重于介绍一些新方法来分析分数阶系统的动力学行为。非线性系统分岔和共振的种类丰富多彩，本书重点介绍的是双频信号激励下非线性系统平衡点的静态分岔以及共振行为。在以往的研究成果中，静态分岔一般由系统分岔参数的变化引起，本书研究的分岔行为由高频激励、分数阶阻尼以及时滞系统的时滞量所引起，其新颖的分岔方式与结果能够引起本领域读者的兴趣。本书研究的平衡点静态分岔包括叉形分岔、鞍结分岔、跨临界分岔以及扰动下其他分岔方式向鞍结分岔的转化行为。对共振行为的研究，本书首先引入待定系数法分析不同形式周期激励下线性系统幅频响应曲线的共振行为，接着用快慢变量分离法研究双频信号激励下非线性系统的振动共振。振动共振是近年来提出的一种新的非线性动力学现象，研究双频信号引起的非线性系统的响应情，探讨微弱低频信号对系统响应的重要影响规律。

本书共分为 9 章。第 1 章，介绍分数阶导数的定义以及分数阶导数的常用性质，本章不对这些内容做过于详细的介绍，而侧重于介绍后续章节所用到的内容。数值计算在本书中占据很大比重，本章简要介绍分数阶微分方程两种常用的数值计算方法。第 2 章，用待定系数法求解简谐激励下分数阶线性系统的响应特性，并通过傅里叶系数和叠加原理给出任意周期激励下分数阶线性系统的各阶响应特性。第 3 章，求解基础激励下分数阶线性系统的响应特性，通过将周期激励展开成傅里叶级数，利用叠加原理求得基础激励为一般周期形式激励时线性系统的动力传递系数，并解决了激励在某些特殊点不可导的问题。第 4~9 章，依据快慢变量分离法研究分数阶非线性系统的不同静态分岔与共振行为。第 4 章，研究双频信号激励下分数阶 Duffing 系统的叉形分岔及振动共振问题，给出分数阶阻尼以及激励信号对系统叉形分岔与振动共振的影响规律。第 5 章，研究外激与参激联合激励下，系统的叉形分岔与振动共振，提出模拟平衡点静态分岔的第一种数值计算方法。第 6 章，研究分数阶非线性系统的鞍结分岔，讨论不同参数对鞍结分岔的影响，提出模拟平衡点静态分岔的第二种数值计算方法。第 7 章，研究分数阶非线性系统的分岔转换现象，在高频扰动作用下发生跨临界分岔的系统，其分岔行为由跨临界分岔转化为鞍结分岔，提出模拟平衡点静态分岔的第三种数值计算方法，并讨论不同参数引起的共振行为。第 8 章，提出变尺度振动共振理论，基于变尺度振动共振原理可以增强任意频率的微弱低频特征信号。第 9 章，研究含时滞反馈的分数阶非线性系统的叉形分岔与振动共振行为，并详细讨论阻尼阶数、时滞反馈对系统叉形分岔以及振动共振的影响规律。

非线性系统的动力学行为非常丰富，除了本书介绍的平衡点静态分岔以及振动共振，还有其他重要形式的分岔行为，比如 Hopf 分岔、周期分岔等，共振行为除了振动共振还有幅频响应曲线呈现的主共振、亚谐及超谐共振以及随机共振等。非线性系统的解析分析方法，除了本书提出的快慢变量分离法，还有诸多的分析方法，比如平均法、多尺度法、摄动法等。限于本书的章节内容以及作者的知识水平，本书对这些内容暂不做介绍。

本书的相关研究内容及本书的出版得到了国家自然科学基金 (非线性系统的变尺度随机共振与振动共振及其相互作用机理研究，项目编号：11672325)、江苏高校优势学科建设工程资助项目以及江苏高校品牌建设工程资助项目等多个项目的资助，在此表示诚挚的感谢。

本书主要取材于作者与合作者近五年的研究成果，为方便读者学习和验证，给出了一些重要图形的 MATLAB 仿真程序。书中每一个程序，都凝聚着作者的大量心血。尽管有些程序不够完美，不够简洁，但作者对书中所有的程序都进行了数次调试，力求准确无误。由于分数阶微积分的计算特点，加之程序循环过程中的运算量过大，程序仿真计算需要的时间较长。为突出本书的简洁性和实用性，本书只给出部分重要图形的 MATLAB 仿真计算程序，并对程序中的一些语句做了注释。

由于本书编写时间仓促加之作者水平有限，无论在理论讲解还是程序编写方面，都难免有错漏及不足之处，恳请同行专家和广大读者批评指正，不吝赐教，也欢迎进行学术问题的交流与讨论，作者邮箱 jianhuayang@cumt.edu.cn。

杨建华

2016 年 12 月于中国矿业大学

目　　录

第 1 章　分数阶导数的基础知识

本章介绍分数阶导数的基础知识, 主要包括分数阶导数的基本定义、分数阶导数的基本性质、分数阶微分方程的常用数值算法等内容。

1.1　分数阶导数的定义

1695 年, 在洛必达 (L'Hôpital) 和莱布尼茨 (Leibniz) 交往的书信中, 首次提出了分数阶导数。洛必达提出, 如果求导的阶数为 1/2 阶, 会产生什么结果? ("What if the order will be 1/2?") 莱布尼茨则认为虽然当下不能解决这个问题, 但预测将来会在这一领域有丰富的成果 ("It will lead to a paradox, from which one day useful consequence will be drawn")[1]。他们的这一次通信, 可看作是分数阶导数产生的萌芽。

如今距离分数阶导数的提出已经三百余年, 莱布尼茨的预言已成为现实, 分数阶微积分及相关知识的研究不仅在理论上取得了飞跃的发展, 也逐渐开始了在工程领域的应用探索。整数阶微积分可以看作是分数阶微积分的特例, 分数阶微积分具有整数阶微积分不具有的诸多优点。由于分数阶微积分不如整数阶微积分的物理意义明确, 且计算量大, 因此在很长一段时间里, 分数阶微积分发展较为缓慢。近几十年, 随着计算机技术的发展, 解决了分数阶微积分计算量大的问题, 且人们对分数阶微积分的物理意义研究也越来越深入。分数阶微积分已成为研究反常扩散、流变学、电化学、生物工程、量子复杂系统、金融学、多孔介质力学、非牛顿流体力学、黏弹性力学、振动控制、软物质物理、信号分析、图像处理、自动化过程控制等学科的有力数学工具 [2-31], 分数阶系统甚至被称为 "21 世纪系统"[32]。

分数阶导数的定义不像常规整数阶导数有唯一的定义式, 根据不同的研究背景, 分数阶导数在其发展的过程中被给予了多种形式的定义式。目前使用较多的有 Riemann-Liouville 定义、Caputo 定义和 Grünwald-Letnikov 定义。

函数 $f(t)$ 的 Riemann-Liouville 形式分数阶导数定义式为

$$\frac{\mathrm{d}^\alpha f(t)}{\mathrm{d}t^\alpha} = \frac{\mathrm{d}^m}{\mathrm{d}t^m}\left[\frac{1}{\Gamma(m-\alpha)}\int_0^t \frac{f(\tau)}{(t-\tau)^{\alpha-m+1}}\mathrm{d}\tau\right] \tag{1.1}$$

式中, α 表示求导的阶数, $m-1 < \alpha < m$, $m \in \mathbf{N}$, $\Gamma(\cdot)$ 是伽马函数, 考虑到实际的工程背景, 一般选取 α 的值为 $0 < \alpha \leqslant 2$ [33]。虽然 Riemann-Liouville 定义具有

良好的数学性质，但在工程应用中却受到诸多的限制。例如，初值问题在工程中具有重要意义，但常数的分数阶导数在 Riemann-Liouville 定义下却不为零，这是限制其工程应用的一个因素。

函数 $f(t)$ 的 Caputo 形式分数阶导数定义式为

$$\frac{\mathrm{d}^\alpha f(t)}{\mathrm{d}t^\alpha} = \frac{1}{\Gamma(m-\alpha)} \int_0^t \frac{f^{(m)}(\tau)}{(t-\tau)^{\alpha-m+1}} \mathrm{d}\tau \tag{1.2}$$

在 Caputo 定义下常数的分数阶导数为零。Caputo 定义在工程应用中，其物理意义更加明确，但 Caputo 定义下对分数阶微积分进行离散计算比较困难。

函数 $f(t)$ 的 Grünwald-Letnikov 形式分数阶导数定义式为

$$\left.\frac{\mathrm{d}^\alpha f(t)}{\mathrm{d}t^\alpha}\right|_{t=kh} = \lim_{h \to 0} \frac{1}{h^\alpha} \sum_{j=0}^k (-1)^j \binom{\alpha}{j} f(kh-jh) \tag{1.3}$$

式中，二项式系数为

$$\binom{\alpha}{0} = 1, \quad \binom{\alpha}{j} = \frac{\alpha(\alpha-1)\cdots(\alpha-j+1)}{j!}, j \geqslant 1 \tag{1.4}$$

二项式系数还可以写为

$$\binom{\alpha}{j} = \frac{\Gamma(\alpha+1)}{\Gamma(j+1)\Gamma(\alpha-j+1)} \tag{1.5}$$

Grünwald-Letnikov 形式的分数阶导数易于离散，方便进行数值运算。

对于部分函数，以上三种不同形式的分数阶导数定义式是等价的，可以相互通用。

1.2　分数阶导数的基本性质

线性性质：常数与函数乘积的分数阶导数等于常数与该函数分数阶导数的乘积；两函数和的分数阶导数等于它们分数阶导数的和。线性性质也可描述为分数阶导数运算同时满足齐次性和可加性，概括为公式

$$\frac{\mathrm{d}^\alpha}{\mathrm{d}t^\alpha}[\lambda f(t) + \gamma g(t)] = \lambda \frac{\mathrm{d}^\alpha}{\mathrm{d}t^\alpha} f(t) + \gamma \frac{\mathrm{d}^\alpha}{\mathrm{d}t^\alpha} g(t) \tag{1.6}$$

尺度变换性质：已知时间尺度 $\tau = \beta t$，函数 $x(t) = z(\tau)$，则

$$\frac{\mathrm{d}^\alpha x(t)}{\mathrm{d}t^\alpha} = \beta^\alpha \frac{\mathrm{d}^\alpha z(\tau)}{\mathrm{d}\tau^\alpha} \tag{1.7}$$

尺度变换性质可通过 Grünwald-Letnikov 形式的分数阶导数定义式证明 [34]。

时间平移不变性质：分数阶导数运算对时间平移具有不变性，即

$$\frac{\mathrm{d}^\alpha x(t-a)}{\mathrm{d}t^\alpha} = \frac{\mathrm{d}^\alpha x(\tau)}{\mathrm{d}\tau^\alpha}\bigg|_{\tau=t-a} \tag{1.8}$$

莱布尼茨法则：两函数 $f(x)$ 和 $g(x)$ 的分数阶导数都存在，则它们乘积的分数阶导数为

$$\frac{\mathrm{d}^\alpha}{\mathrm{d}t^\alpha}[f(t)g(t)] = \sum_{k=0}^{\infty} \begin{pmatrix} \alpha \\ k \end{pmatrix} f^{(k)}(t)g^{(k)}(t) \tag{1.9}$$

交换性和可加性：函数 $f(x)$ 的分数阶导数运算满足交换性和可加性，即

$$\frac{\mathrm{d}^\alpha}{\mathrm{d}t^\alpha}\left[\frac{\mathrm{d}^\beta}{\mathrm{d}t^\beta}f(t)\right] = \frac{\mathrm{d}^\beta}{\mathrm{d}t^\beta}\left[\frac{\mathrm{d}^\alpha}{\mathrm{d}t^\alpha}f(t)\right] = \frac{\mathrm{d}^{\alpha+\beta}}{\mathrm{d}t^{\alpha+\beta}}f(t) \tag{1.10}$$

特别的，当 $\beta = -\alpha$ 时，

$$\frac{\mathrm{d}^\alpha}{\mathrm{d}t^\alpha}\left[\frac{\mathrm{d}^{-\alpha}}{\mathrm{d}t^{-\alpha}}f(t)\right] = \frac{\mathrm{d}^{-\alpha}}{\mathrm{d}t^{-\alpha}}\left[\frac{\mathrm{d}^\alpha}{\mathrm{d}t^\alpha}f(t)\right] = \frac{\mathrm{d}^0}{\mathrm{d}t^0}f(t) = f(t) \tag{1.11}$$

以上为分数阶导数运算常用的重要性质，其他更详尽的性质描述可参考相关文献资料 [35]。

1.3 分数阶微分方程的数值算法

关于分数阶微分方程的数值算法较多，国内外有诸多学者专注于研究分数阶微分方程的数值计算问题 [36−41]。本小节仅介绍 Grünwald-Letnikov 分数阶导数定义法以及预估校正法，以下根据同一微分方程中含有导数项数目的不同来分别进行介绍。

1.3.1 同一微分方程中含有一个导数项方程的数值求解

1. Grünwald-Letnikov 分数阶导数定义法

研究一个方程中只含有一个导数项的微分方程

$$\frac{\mathrm{d}^\alpha x}{\mathrm{d}t^\alpha} = f(x) + F(t), \quad \alpha \in (0,2] \tag{1.12}$$

$f(x)$ 是给定的函数，$F(t)$ 是确定性外激励。记 $w_j^\alpha = (-1)^j \begin{pmatrix} \alpha \\ j \end{pmatrix}$，计算得到 [1]

$$w_0^\alpha = 1, \quad w_k^\alpha = \left(1 - \frac{\alpha+1}{k}\right)w_{k-1}^\alpha, \quad (k = 1, 2, \cdots, n) \tag{1.13}$$

如果 $\alpha = 1$, 则

$$w_0^1 = 1, \quad w_1^1 = -1, \quad w_k^1 = 0, \quad (k = 2, 3, \cdots, n) \tag{1.14}$$

因此，对于 $\alpha = 1$ 的特例, Grünwald-Letnikov 形式的分数阶导数定义式退化为常规的导数定义式

$$\frac{\mathrm{d}x(t)}{\mathrm{d}t} = \lim_{h \to 0} \frac{x(t) - x(t-h)}{h} \tag{1.15}$$

将式 (1.13) 代入式 (1.3)，在零初始条件下得到

$$\lim_{h \to 0} \frac{1}{h^\alpha} \left[x(k) + \sum_{j=1}^{k-1} w_j^\alpha x(k-j) \right] = f\left[x(k-1) \right] + F(k-1) \tag{1.16}$$

当 h 取较小值时可以去掉极限符号，因此进一步得到迭代公式

$$x(k) = -\sum_{j=1}^{k-1} w_j^\alpha x(k-j) + h^\alpha \left\{ f\left[x(k-1) \right] + F(k-1) \right\} \tag{1.17}$$

利用式 (1.17) 可以将形如式 (1.12) 的分数阶微分方程进行数值计算。当 $\alpha = 1$ 时，式 (1.17) 变为常微分方程数值计算的欧拉算法

$$x(k) = x(k-1) + h \left\{ f\left[x(k-1) \right] + F(k-1) \right\} \tag{1.18}$$

2. 预估校正法

Caputo 导数具有较好的工程应用背景，预估校正法 (predictor-corrector) 是基于 Caputo 导数给出的。预估校正法有多种形式，本书仅介绍一种最常用的形式。在任意的初始条件 $x(0) = x_0$ 下，利用预估校正法对方程 (1.12) 进行数值迭代计算的公式为

$$x(k+1) = x_0 + \frac{h^\alpha}{\Gamma(\alpha+2)} \left[f(x_p(k+1)) + F(k+1) \right] + \frac{h^\alpha}{\Gamma(\alpha+2)} \sum_{i=0}^{k} a_{i,k+1} \left[f(x(i)) + F(i) \right] \tag{1.19}$$

式中，系数 $a_{i,k+1}$ 表示校正项的权重系数

$$a_{i,k+1} = \begin{cases} k^{\alpha+1} - (k-\alpha)(k+1)^\alpha, & i = 0 \\ (k-i+2)^{\alpha+1} + (k-i)^{\alpha+1} - 2(k-i+1)^{\alpha+1}, & 1 \leqslant i \leqslant k \end{cases} \tag{1.20}$$

$x_p(k+1)$ 为 $x(k+1)$ 的预估值

$$x_p(k+1) = x_0 + \frac{1}{\Gamma(\alpha)} \sum_{i=0}^{k} b_{i,k+1} \left[f(x(k)) + F(k) \right] \tag{1.21}$$

式中，$b_{i,k+1}$ 表示预估项的权重系数

$$b_{i,k+1} = \frac{h^\alpha}{\alpha} \left[(k-i+1)^\alpha - (k-i)^\alpha \right] \tag{1.22}$$

3. Grünwald-Letnikov 分数阶导数定义法与预估校正法的对比

现同时采用基于 Grünwald-Letnikov 分数阶导数定义的数值算法和预估校正法求取分数阶微分方程的数值解。选取 $f(x) = x - x^3$ 和 $F(t) = R\cos(\omega t)$，即对以下分数阶非线性方程进行数值计算

$$\frac{\mathrm{d}^\alpha x}{\mathrm{d}t^\alpha} = x - x^3 + R\cos(\omega t), \quad \alpha \in (0, 2] \tag{1.23}$$

图 1.1 是数值仿真结果，从图上可以看出采用两种数值算法得到的结果基本是一致的，这从一个侧面验证了这两种算法的正确性。图 1.1 表明，系统的瞬态响应和稳态响应都受系统阶数的影响，尤其是稳态响应的振幅与系统阶数的依赖关系，是本书后续章节重点关注的内容。图 1.1 的 MATLAB 仿真程序见 1.4 节。

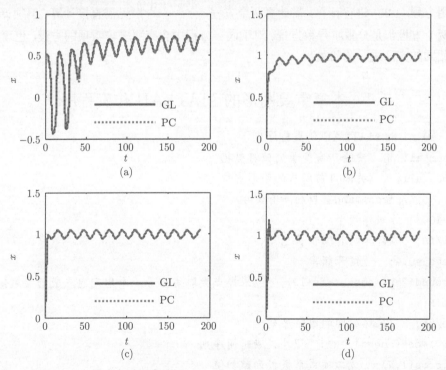

图 1.1　方程 (1.23) 的响应时间序列，(a) $\alpha=0.1$，(b) $\alpha=0.5$，(c) $\alpha=1.0$，(d) $\alpha=1.5$，其他计算参数为 $R=0.1$，$\omega=0.4$，计算的时间步长为 $h=0.01$，初始条件为 $x(0)=0$。GL 表示基于 Grünwald-Letnikov 分数阶导数定义法的计算结果，PC 表示基于预估校正法的计算结果

1.3.2 同一微分方程中含有两个导数项方程的数值求解

对同一微分方程中含有两个导数项的方程进行数值模拟，需先把方程降阶为多个方程组成的方程组，使每个方程中各含有一个导数项，然后再按照 1.3.1 节的方法进行处理。例如，考虑如下形式的分数阶微分方程

$$\frac{\mathrm{d}^2x}{\mathrm{d}t^2} + \delta\frac{\mathrm{d}^\alpha x}{\mathrm{d}t^\alpha} = f(x) + F(t), \quad \alpha \in (0,2] \tag{1.24}$$

$f(x)$ 是给定的函数，$F(t)$ 是外激励。根据分数阶导数运算的可加性，对方程 (1.24) 进行降阶处理，可令

$$\begin{cases} \dfrac{\mathrm{d}^\alpha x}{\mathrm{d}t^\alpha} = y \\[2mm] \dfrac{\mathrm{d}^2x}{\mathrm{d}t^2} = \dfrac{\mathrm{d}^\beta y}{\mathrm{d}t^\beta}, \quad \beta = 2 - \alpha \\[2mm] \dfrac{\mathrm{d}^\beta y}{\mathrm{d}t^\beta} = -\delta y + f(x) + F(t) \end{cases} \tag{1.25}$$

采用方程 (1.25) 进行计算，需计算两个方程，$\dfrac{\mathrm{d}^2x}{\mathrm{d}t^2} = \dfrac{\mathrm{d}^\beta y}{\mathrm{d}t^\beta}$ 无需直接计算，但须计算的两个方程都是分数阶导数方程。对于同一方程中含有更多导数项的方程，也可采取相同的方法进行降阶处理。

1.4 本章重要图形的 MATLAB 仿真程序

图 1.1 的 MATLAB 仿真程序如下：

```
clear all;    %清除所有变量的储存数据
close all;    %关闭目前所有的图形窗口
clc;    %清除command窗口的所有文字
fs=100;    %采样频率
h=1/fs;    %计算的时间步长
omega1=0.4;    %信号频率
N=round(2*pi/omega1*fs*12);    %采样点数取为信号一个周期内点数的整数倍
n=1:N;
t=n/fs;    %采样时间的离散序列
F=0.1*cos(omega1.*t);    %外激励时间序列
w=zeros(1,N);    %二项式系数数列赋初值
x0=0;    %状态变量赋初值
alpha=[0.1 0.5 1.0 1.5];    %分数阶阻尼的阶数取四个不同值
for s=1:4
```

```
%以下使用预估校正法画图
x=zeros(1,N);     %时间响应序列赋初值
fn=zeros(1,N);
fn1=zeros(1,N);
a=zeros(1,N);
b=zeros(1,N);
fn10=x0-x0^3;
a10=alpha(s);
b10=h^alpha(s)/alpha(s);
xh(1)=x0+1/gamma(alpha(s))*b10*fn10;
fn0=xh(1)-xh(1)^3+F(1);
x(1)=x0+h^alpha(s)/gamma(alpha(s)+2)*fn0+h^alpha(s)/gamma(alpha(s)
+2)*a10*fn10;
fn0=x(1)-x(1)^3+F(1);
for n=1:N-1
    a0=n^(alpha(s)+1)-(n-alpha(s))*(n+1)^alpha(s);
    b0=h^alpha(s)/alpha(s)*((n+1)^alpha(s)-n^alpha(s));
    for i=1:n
        a(i)=(n-i+2)^(alpha(s)+1)+(n-i)^(alpha(s)+1)-2*(n-i+1)^
        (alpha(s)+1);
        b(i)=h^alpha(s)*((n-i+1)^alpha(s)-(n-i)^alpha(s))/alpha(s);
    end
    fn1(n)=x(n)-x(n)^3+F(n);
    xh(n+1)=x0+1/gamma(alpha(s))*(b0*fn0+b*fn1');
    fn(n+1)=xh(n+1)-xh(n+1)^3+F(i+1);
 x(n+1)=x0+h^alpha(s)/gamma(alpha(s)+2)*fn(n+1)+h^alpha(s)/gamma
 (alpha(s)+2)*(a0*fn0+a*fn1');
end
subplot(2,2,s)
plot(t,x,'linewidth',2)
hold on;


%以下使用Grünwald-Letnikov分数阶导数定义法画图
w=zeros(1,N);     %二项式系数数列赋初值
x=zeros(1,N);     %时间响应序列赋初值
```

```
    w(1)=-alpha(s);
    for i=1:N-1
        w(i+1)=(1-(alpha(s)+1)/(i+1))*w(i);
        x(i+1)=-w(1:i)*x(i:-1:1)'+h^alpha(s)*(x(i)-x(i)^3+F(i));
    end
    plot(t,x,':r','linewidth',2)
    xlabel('\itt','fontsize',12,'fontname','times new roman')
    ylabel('\itx','fontsize',12,'fontname','times new roman')
    legend('GL algorithm','PC algorithm')
end
gtext('(a) ','fontsize',10,'fontname','times new roman')
gtext('(b) ','fontsize',10,'fontname','times new roman')
gtext('(c) ','fontsize',10,'fontname','times new roman')
gtext('(d) ','fontsize',10,'fontname','times new roman')
```

参 考 文 献

[1] Monje C A, Chen Y Q, Vinagre B M, et al. Fractional-order Systems and Controls : Fundamentals and Applications. London: Springer, 2010.

[2] 陈文, 孙洪广, 李西成, 等. 力学与工程问题的分数阶导数建模. 北京: 科学出版社, 2010.

[3] 王春阳, 李明秋, 姜淑华, 等. 分数阶控制系统设计. 北京: 国防工业出版社, 2014.

[4] 吴强, 黄建华. 分数阶微积分. 北京: 清华大学出版社, 2016.

[5] 汪纪锋. 分数系统控制性能分析. 北京: 电子工业出版社, 2010.

[6] 赵春娜, 李英顺, 陆涛. 分数阶系统分析与设计. 北京: 国防工业出版社, 2011.

[7] 张卫国, 肖炜麟. 分数布朗运动下股本权证定价研究——模型与参数估计. 北京: 科学出版社, 2013.

[8] 李文, 赵慧敏. 分数阶控制器设计方法与振动抑制性能分析. 北京: 科学出版社, 2014.

[9] Uchaikin V V. Fractional Derivatives for Physicists and Engineers, Volume I : Background and Theory. Beijing: Higher Education Press, 2013.

[10] Uchaikin V V. Fractional Derivatives for Physicists and Engineers, Volume II : Applications. Beijing: Higher Education Press, 2013.

[11] Tarasov V E. Fractional Dynamics: Applications of Fractional Calculus to Dynamics of Particles, Fields and Media. Beijing: Higher Education Press, 2010.

[12] Sabatier J, Agrawal O P, Machado J A T. Advances in Fractional Calculus: Theoretical Developments and Applications in Physics and Engineering. Netherlands: Springer, 2014.

[13] 包景东. 反常统计动力学导论. 北京: 科学出版社, 2012.

[14] 沙学军, 史军, 张钦宇. 分数傅里叶变换原理及其在通信系统中的应用. 北京: 人民邮电出版社, 2013.

[15] Mainardi F. Fractional Calculus and Waves in Linear Viscoelasticity. Singapore: Imperial College Press, 2010.

[16] Caponetto R, Dongola G, Fortuna L, et al. Fractional Order Systems: Modeling and Control Applications. Singapore: World Scientific, 2010.

[17] Yang F, Zhu K Q. On the definition of fractional derivatives in rheology. Theoretical and Applied Mechanics Letters, 2011, 1(1): 012007.

[18] Meral F C, Royston T J, Magin R. Fractional calculus in viscoelasticity: an experimental study. Communications in Nonlinear Science and Numerical Simulation, 2010, 15(4): 939-945.

[19] Chen Y, Sun R, Zhou A, et al. Fractional order signal processing of electrochemical noises. Journal of Vibration and Control, 2008, 14(9-10): 1443-1456.

[20] Oldham K B. Fractional differential equations in electrochemistry. Advances in Engineering Software, 2010, 41(1): 9-12.

[21] Magin R L, Ovadia M. Modeling the cardiac tissue electrode interface using fractional calculus. Journal of Vibration and Control, 2008, 14(9-10): 1431-1442.

[22] Magin R L. Fractional calculus models of complex dynamics in biological tissues. Computers & Mathematics with Applications, 2010, 59(5): 1586-1593.

[23] Carpinteri A, Mainardi F. Fractals and Fractional Calculus in Continuum Mechanics. Wien and New York: Springer, 1997.

[24] Odibat Z, Momani S. The variational iteration method: an efficient scheme for handling fractional partial differential equations in fluid mechanics. Computers & Mathematics with Applications, 2009, 58(11): 2199-2208.

[25] Baleanu D, Golmankhaneh A, Nigmatullin R, et al. Fractional newtonian mechanics. Open Physics, 2010, 8(1): 120-125.

[26] Rossikhin Y A, Shitikova M V. Application of fractional calculus for dynamic problems of solid mechanics: novel trends and recent results. ASME Applied Mechanics Reviews, 2010, 63(1): 010801.

[27] Vinagre B M, Petráš I, Podlubny I, et al. Using fractional order adjustment rules and fractional order reference models in model-reference adaptive control. Nonlinear Dynamics, 2002, 29(1-4): 269-279.

[28] Agrawal O P. A general formulation and solution scheme for fractional optimal control problems. Nonlinear Dynamics, 2004, 38(1-4): 323-337.

[29] Ozaktas H M, Zalevsky Z, Kutay M A. The Fractional Fourier Transform: with Applications in Optics and Signal Processing. New York: Wiley, 2001.

[30] Das S, Pan I. Fractional Order Signal Processing: Introductory Concepts and Applications. Berlin: Springer, 2011.

[31]   Kusnezov D, Bulgac A, Do Dang G. Quantum lévy processes and fractional kinetics. Physical Review Letters, 1999, 82(6): 1136.

[32]   Ortigueira M D. An introduction to the fractional continuous-time linear systems: the 21st century systems. IEEE Circuits and Systems Magazine, 2008, 8(3): 19-26.

[33]   Westerlund S. Causality. Report No. 940426, University of Kalmar. Nzov: Fractional-Order Systems and Fractional-Order Controllers. 1994.

[34]   Magin R, Ortigueira M D, Podlubny I, et al. On the fractional signals and systems. Signal Processing, 2011, 91(3):350-371.

[35]   Oldham K B, Spanier J. The fractional calculus: Theory and Applications of Differentiation and Integration to Arbitrary Order. Mineola, New York: Dover Publications Inc., Mathematical Gazette, 2006.

[36]   曹俊英. 分数阶微分方程的高阶数值方法研究. 成都: 西南交通大学出版社, 2015.

[37]   Li C, Zeng F. Numerical methods for fractional calculus. London: CRC Press, 2015.

[38]   郭柏灵, 蒲学科, 黄凤辉. 分数阶偏微分方程及其数值解. 北京: 科学出版社, 2011.

[39]   Petráš I. Fractional-order Nonlinear Systems: Modelling, Analysis and Simulations. Beijing: Higher Education Press, 2011.

[40]   Diethelm K, Ford N J, Freed A D. A predictor-corrector approach for the numerical solution of fractional differential equations. Nonlinear Dynamics, 2002, 29(1-4): 3-22.

[41]   Liu F, Anh V, Turner I. Numerical solution of the space Fokker–Planck equation. Journal of Computational and Applied Mathematics, 2004, 166(1): 209-219.

第2章　周期激励下分数阶线性系统的稳态响应

本章主要研究含分数阶阻尼的线性系统在不同周期激励下的稳态响应问题。首先在简谐激励下，利用待定系数法得到系统稳态响应的近似解。接着，利用傅里叶级数展开法和线性系统的叠加原理，求得一般周期激励下系统稳态响应的近似解，并以周期方波激励和周期全波正弦激励为例进行求解和验证。

2.1　简谐激励下系统响应的幅频特性

研究受余弦信号激励的含分数阶阻尼的单自由度线性系统，如图 2.1 所示。图中 m、k、c 分别表示系统的质量、线性刚度系数、线性阻尼系数，$f(t) = F\cos(\omega t)$，F 和 ω 分别表示激励信号的幅值和频率。根据牛顿第二定律，建立系统振动的微分方程

$$m\frac{\mathrm{d}^2 x}{\mathrm{d}t^2} + c\frac{\mathrm{d}x}{\mathrm{d}t} + \delta\frac{\mathrm{d}^\alpha x}{\mathrm{d}t^\alpha} + kx(t) = F\cos(\omega t) \tag{2.1}$$

式中，$\frac{\mathrm{d}^\alpha x}{\mathrm{d}t^\alpha}$ 为 $x(t)$ 关于时间 t 求 α 阶导数，表示分数阶阻尼，$\alpha \in (0, 2]$，δ 为分数阶阻尼的阻尼系数。

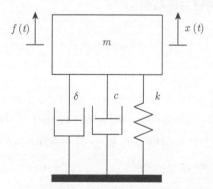

图 2.1　简谐激励下含分数阶阻尼的振动系统模型

2.1.1　近似解析解

根据振动理论，系统的响应分为自由振动和受迫振动两部分 [1]。自由振动部分由方程的初始条件引起，受迫振动部分由外激励引起。由于阻尼的存在，自由振动的能量很快被消耗掉，随着时间推移，含有自由振动的瞬态响应阶段结束，系

统响应进入只含受迫振动的稳态响应阶段。对于分数阶振动系统，同时考虑自由振动和受迫振动时可采用格林函数法、Adomian 分解法 (Adomian decomposition method)、同伦摄动法 (homotopy perturbation method)、同伦分析法 (homotopy analysis method)、变分迭代法 (variational iteration method) 等解析方法进行求解[2]。

在工程问题中，值得关注的是稳态解，即外激励引起的受迫振动。在常微分线性振动系统中，受迫振动的解取决于系统参数与激励形式。在简谐激励下，受迫振动的解和激励具有相同的形式，即频率和外激励相同，相位滞后于外激励的简谐函数，振幅与外激励幅值以及系统参数有关。对于分数阶线性系统，受迫振动也应该满足这一性质。简谐激励经过线性系统相当于经过了线性变换，响应的频率不会相对于激励频率做改变。本章首先提出这一假设求方程 (2.1) 的解，然后用数值仿真对解析分析进行验证，进而确定该假设的正确性。

简谐函数的分数阶求导公式为 [3]

$$\frac{\mathrm{d}^\alpha}{\mathrm{d}t^\alpha}\left[\sin(\omega t)\right] = \omega^\alpha \sin\left(\omega t + \frac{\alpha\pi}{2}\right)$$
$$\frac{\mathrm{d}^\alpha}{\mathrm{d}t^\alpha}\left[\cos(\omega t)\right] = \omega^\alpha \cos\left(\omega t + \frac{\alpha\pi}{2}\right) \tag{2.2}$$
$$\frac{\mathrm{d}^\alpha}{\mathrm{d}t^\alpha}\left(\mathrm{e}^{\mathrm{i}\omega t}\right) = \omega^\alpha \mathrm{e}^{\mathrm{i}\left(\omega t + \frac{\alpha\pi}{2}\right)} = \omega^\alpha \mathrm{e}^{\mathrm{i}\omega t}\mathrm{e}^{\mathrm{i}\frac{\alpha\pi}{2}}$$

设方程 (2.1) 受迫响应的稳态近似解为

$$x(t) = a\cos(\omega t - \theta) \tag{2.3}$$

将式 (2.3) 代入式 (2.1)，得到

$$\begin{aligned}
&m\left[-a\omega^2\cos(\omega t - \theta)\right] + c\left[-a\omega\sin(\omega t - \theta)\right]\\
&+\delta\left[\omega^\alpha\cos\left(\omega t - \theta + \frac{\alpha\pi}{2}\right)\right] + ka\cos(\omega t - \theta)\\
&= F\cos(\omega t - \theta + \theta)
\end{aligned} \tag{2.4}$$

利用三角公式计算并分别比较方程中等号两侧 $\sin(\omega t - \theta)$ 和 $\cos(\omega t - \theta)$ 的系数后得到方程组

$$\begin{cases}
a(k - m\omega^2) + a\delta\omega^\alpha \cos\dfrac{\alpha\pi}{2} = F\cos\theta\\[3mm]
a\left(c\omega + \delta\omega^\alpha \sin\dfrac{\alpha\pi}{2}\right) = F\sin\theta
\end{cases} \tag{2.5}$$

解此方程组得

$$\begin{cases} a = \dfrac{F}{\sqrt{\left(k - m\omega^2 + \delta\omega^\alpha \cos\dfrac{\alpha\pi}{2}\right)^2 + \left(c\omega + \delta\omega^\alpha \sin\dfrac{\alpha\pi}{2}\right)^2}} \\[4mm] \theta = \arctan\dfrac{c\omega + \delta\omega^\alpha \sin\dfrac{\alpha\pi}{2}}{k - m\omega^2 + \delta\omega^\alpha \cos\dfrac{\alpha\pi}{2}} \end{cases} \tag{2.6}$$

如果将振动方程 (2.1) 中的余弦激励换为正弦激励，即求解方程

$$m\frac{\mathrm{d}^2 x}{\mathrm{d}t^2} + c\frac{\mathrm{d}x}{\mathrm{d}t} + \delta\frac{\mathrm{d}^\alpha x}{\mathrm{d}t^\alpha} + kx(t) = F\sin(\omega t) \tag{2.7}$$

利用相同的分析方法得到系统响应的近似解为

$$x(t) = a\sin(\omega t - \theta) \tag{2.8}$$

振幅 a 和相位角 θ 仍由式 (2.6) 来表示。

以上即为采用待定系数法求分数阶线性振动系统稳态解的过程。此类振动方程也可采用平均法求解，经过对比发现，使用待定系数法和使用平均法得到的计算结果是一致的 [4,5]，使用待定系数法求解过程更简单。

2.1.2 数值仿真结果

利用计算傅里叶系数的方法可以得到系统响应在激励信号频率 ω 处幅值的数值解，即

$$a = \sqrt{a_\mathrm{s}^2 + a_\mathrm{c}^2} \tag{2.9}$$

式中，a_s 和 a_c 分别为系统响应在激励信号频率 ω 处的正弦和余弦傅里叶分量，其定义式为

$$\begin{cases} a_\mathrm{s} = \dfrac{2}{mT}\displaystyle\int_0^{mT} x(t)\sin(\omega t)\mathrm{d}t \\[4mm] a_\mathrm{c} = \dfrac{2}{mT}\displaystyle\int_0^{mT} x(t)\cos(\omega t)\mathrm{d}t \end{cases} \tag{2.10}$$

式中，m 为足够大的正整数，一般指系统的瞬态响应消失之后再运行 m 个周期。对于离散的时间序列，a_s 和 a_c 的计算公式为

$$\begin{cases} a_\mathrm{s} = \dfrac{2}{mT}\displaystyle\sum_{i=1}^{mT/\Delta t} x(t_i)\sin(\omega t_i)\Delta t \\[4mm] a_\mathrm{c} = \dfrac{2}{mT}\displaystyle\sum_{i=1}^{mT/\Delta t} x(t_i)\cos(\omega t_i)\Delta t \end{cases} \tag{2.11}$$

式中，Δt 为计算的时间步长，T 为外激励的周期，$T = 2\pi/\omega$。

利用分数阶导数运算的叠加性质将方程 (2.1) 降阶变形为

$$\begin{cases} \dfrac{\mathrm{d}^{\alpha}x(t)}{\mathrm{d}t^{\alpha}} = y(t) \\[2mm] \dfrac{\mathrm{d}^{1-\alpha}y(t)}{\mathrm{d}t^{1-\alpha}} = z(t) \\[2mm] \dfrac{\mathrm{d}z(t)}{\mathrm{d}t} = \dfrac{1}{m}\left[-kx(t) - cz(t) - \delta y(t) + F\cos(\omega t)\right] \end{cases} \tag{2.12}$$

基于 Grünwald-Letnikov 定义的算法将式 (2.12) 离散化, 通过数值计算可得到 $x(t)$。在以下的数值仿真过程中, 将基本参数选取为 $m = 5$, $k = 10$, $c = 0.3$, $F = 2$, $\delta = 1.5$。

图 2.2 给出了系统响应的幅值 a 与激励信号频率 ω 及分数阶阻尼的求导阶数 α 之间的函数关系。图 2.2 表明, 分数阶阻尼的求导阶数 α 影响系统的共振频率和共振振幅, 这不仅可以在数值模拟结果上观察到, 也可以通过利用对响应幅值 a 求极值的方法得到。图 2.2(a) 是根据式 (2.6) 给出的近似解三维图形, 从图上可以

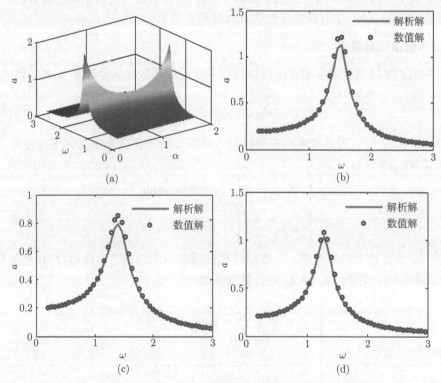

图 2.2 余弦激励下系统 (2.1) 稳态响应的幅频特性, (a) 解析解三维图形, (b) $\alpha = 0.5$,
(c) $\alpha = 1.0$, (d) $\alpha = 1.5$

看出共振幅值与分数阶阻尼的求导阶数 α 之间的函数关系。在区间 $\alpha \in (0, 2]$ 共振幅值最大值 $a_{\max}$ 与分数阶阻尼的求导阶数 α 之间并不具有单调性，而是一种非单调关系，即随着 α 的逐渐增大，共振振幅先逐渐减小再逐渐增大。图 2.2(b)~(d) 给出了近似解和数值解的对比曲线，两种解基本吻合，这验证了采用待定系数法求分数阶线性振动系统稳态解的正确性。图 2.2 的 MATLAB 仿真程序详见 2.3 节。

图 2.3 给出了系统响应幅值 a 与分数阶阻尼的求导阶数 α 之间的函数关系。当 $\omega = 1.25$ 时，a 随着 α 的增大而增大；当 $\omega = 1.5$ 时，a 随着 α 的增大而减小。响应幅值 a 随分数阶阻尼的求导阶数 α 的变化所呈现的单调关系与激励信号的频率 ω 有关。

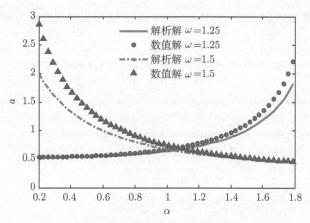

图 2.3　分数阶阻尼的阶数 α 对响应幅值 a 的影响

2.2　非简谐周期激励下系统响应的幅频特性

对于任意的周期激励 $F(t)$，将 $F(t)$ 展开成傅里叶级数

$$F(t) = \frac{a_0}{2} + \sum_{n=1}^{\infty} [a_n \sin(n\omega t) + b_n \cos(n\omega t)] \tag{2.13}$$

式中，傅里叶级数的系数 a_0，a_n，b_n 可由式 (2.14) 确定

$$\begin{cases} a_n = \dfrac{2}{T} \displaystyle\int_{-T/2}^{T/2} F(t) \sin(n\omega t) \mathrm{d}t, & (n = 0, 1, 2, 3, \cdots) \\ b_n = \dfrac{2}{T} \displaystyle\int_{-T/2}^{T/2} F(t) \cos(n\omega t) \mathrm{d}t, & (n = 0, 1, 2, 3, \cdots) \end{cases} \tag{2.14}$$

式中，ω 为激励频率，T 为激励周期。根据线性系统的叠加原理，求得系统对傅里叶级数中一系列谐波信号的响应，然后进行叠加，便可得到系统对原周期激励响应

的解。以下以周期方波信号和周期全波正弦信号为例进行说明。

2.2.1   周期方波激励下系统响应的幅频特性

周期方波激励的表达式为

$$F(t) = \begin{cases} F, & (2n-2)\pi/\omega < t < (2n-1)\pi/\omega \\ -F, & (2n-1)\pi/\omega < t < 2n\pi/\omega \end{cases} \tag{2.15}$$

傅里叶级数为

$$F(t) = \frac{4}{\pi} \sum_{n=1}^{\infty} \frac{1}{2n-1} F \sin[(2n-1)\omega t] \tag{2.16}$$

根据线性叠加原理及式 (2.6) 与式 (2.8) 的结果，得到周期方波信号引起的系统稳态响应为

$$x(t) = \frac{4}{\pi} \sum_{n=1}^{\infty} \left[\frac{1}{2n-1} a_n \sin(\omega_n t - \theta_n) \right] \tag{2.17}$$

式中，$\omega_n = (2n-1)\omega$，且

$$\begin{cases} a_n = \dfrac{F}{\sqrt{\left(k - m\omega_n^2 + \delta\omega_n^p \cos\dfrac{p\pi}{2}\right)^2 + \left(c\omega_n + \delta\omega_n^p \sin\dfrac{p\pi}{2}\right)^2}} \\ \theta_n = \arctan \dfrac{c\omega_n + \delta\omega_n^p \sin\dfrac{p\pi}{2}}{k - m\omega_n^2 + \delta\omega_n^p \cos\dfrac{p\pi}{2}} \end{cases} \tag{2.18}$$

式中，a_1 表示响应中基频成分的幅值，a_n 表示第 n 阶谐波分量的幅值，θ_n 表示第 n 阶谐波分量的相位角。

图 2.4 给出了周期方波信号激励下，系统响应前三阶谐波幅频特性的解析解和数值解，两种解吻合良好。图 2.4 表明，当激励信号的频率较低，即 ω 取值较小时，响应中高阶谐波分量的幅值有可能大于低阶谐波分量的幅值；当激励信号的频率较高，即 ω 取值较大时，响应中低阶谐波分量的幅值大于高阶谐波分量的幅值。分数阶阻尼的求导阶数 α 的值影响系统响应中各阶谐波的共振频率和共振幅值。无论 α 取

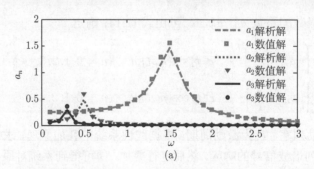

(a)

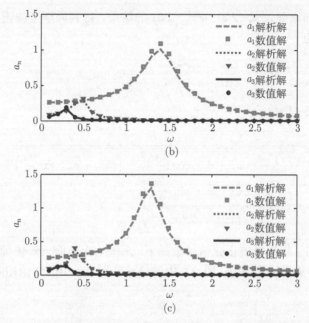

图 2.4 周期方波信号激励下系统响应前三阶谐波的幅频特性,

(a) $\alpha = 0.5$, (b) $\alpha = 1.0$, (c) $\alpha = 1.5$

何值, 高阶谐波的共振频率和共振幅值均低于低阶谐波的共振频率和共振幅值。图 2.4 的 MATLAB 仿真程序详见 2.3 节。

2.2.2 周期全波正弦激励下系统响应的幅频特性

周期全波正弦激励的表达式为

$$F(t) = F \left| \sin\left(\omega t/2\right) \right| \tag{2.19}$$

傅里叶级数为

$$F(t) = \frac{2F}{\pi} - \frac{4}{\pi} \sum_{n=1}^{\infty} \frac{n}{4n^2 - 1} F \cos(n\omega t) \tag{2.20}$$

首先求出傅里叶级数中的常量引起的系统响应, 根据方程

$$m\frac{\mathrm{d}^2 x_0}{\mathrm{d}t^2} + c\frac{\mathrm{d}x_0}{\mathrm{d}t} + \delta\frac{\mathrm{d}^2 x_0}{\mathrm{d}t^2} + k x_0 = \frac{2F}{\pi} \tag{2.21}$$

得到响应中的常量为

$$x_0 = \frac{2F}{k\pi} \tag{2.22}$$

再根据线性叠加原理及式 (2.3) 与式 (2.6) 的结果，得到周期全波正弦激励引起的系统稳态响应为

$$x(t) = \frac{2F}{k\pi} - \frac{4}{\pi} \sum_{n=1}^{\infty} \frac{n}{4n^2 - 1} a_n \cos(\omega_n t - \theta_n) \tag{2.23}$$

式中，$\omega_n = n\omega$，且

$$\begin{cases} a_n = \dfrac{F}{\sqrt{\left(k - m\omega_n^2 + \delta\omega_n^p \cos\dfrac{p\pi}{2}\right)^2 + \left(c\omega_n + \delta\omega_n^p \sin\dfrac{p\pi}{2}\right)^2}} \\[4mm] \theta_n = \arctan \dfrac{c\omega_n + \delta\omega_n^p \sin\dfrac{p\pi}{2}}{k - m\omega_n^2 + \delta\omega_n^p \cos\dfrac{p\pi}{2}} \end{cases} \tag{2.24}$$

图 2.5 给出了周期全波正弦信号激励下，系统响应的前三阶幅频特性的解析解和数值解，两种结果吻合良好。图 2.5 中的结论和图 2.4 中的结论相同，不再赘述。

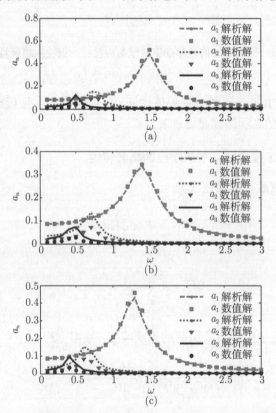

图 2.5　周期全波激励下系统响应前三阶谐波的幅频特性，

(a) $\alpha = 0.5$, (b) $\alpha = 1.0$, (c) $\alpha = 1.5$

2.3 本章重要图形的 MATLAB 仿真程序

(1) 图 2.2 的 MATLAB 图形仿真程序

```
clear all;    %清除所有变量的储存数据
close all;    %关闭目前所有的图形窗口
clc;    %清除command窗口的所有文字
F=2;m=5;k=10;c=0.3;delta=1.5;    %为振动方程的各计算参数赋值
omega=0.2:0.01:3;    %激励频率omega的自变量序列
alpha=0.2:0.01:1.8;    %阻尼的阶数
L1=length(omega); L2=length(alpha); for i=1:L1
    for j=1:L2
        a(i,j)=F/sqrt((c*omega(i)+delta*omega(i)^alpha(j)*sin(alpha
        (j)*pi/2))^2+(k-omega(i)^2*m+delta*omega(i)^alpha(j)*cos
        (alpha(j)*pi/2))^2);    %计算响应幅值的解析解
    end
end
subplot(2,2,1)
surf(alpha,omega,a)
xlabel('\it\alpha','fontsize',12,'fontname','times new roman')
ylabel('\it\omega','fontsize',12,'fontname','times new roman')
zlabel('\ita','fontsize',12,'fontname','times new roman')
axis([0 2 0 3 0 2])
%以下采用数值算法进行计算
omega=0.2:0.06:3; %激励频率omega的自变量序列，此处采用更大的步长，是为了
%减小计算时间
L1=length(omega);
fs=100;    %采样频率;
h=1/fs;    %计算步长;
alpha=[0.5 1.0 1.5];    %选取三个不同的阻尼阶数做为计算特例
for s=1:3;
    for j=1:L1
        A(s,j)=F/sqrt((c*omega(j)+delta*omega(j)^alpha(s)*sin(alpha
        (s)*pi/2))^2+(k-omega(j)^2*m+delta*omega(j)^alpha(s)*cos
        (alpha(s)*pi/2))^2); %计算响应幅值的解析解，注意此处不能再
```

```
%使用字母a，因为前述a和此处A的数据长度不同，如若仍然使用a在
%画图时会产生数据量不匹配的错误提示
N=round(10*fs*2*pi/omega(j));   %采样点数;
n=0:N-1;
t=n/fs;
x=zeros(1,N);   %自变量赋初值;
y=zeros(1,N);   %自变量赋初值;
z=zeros(1,N);   %自变量赋初值;
w1=zeros(1,N);
w2=zeros(1,N);
F1=F*cos(omega(j).*t);   %简谐激励的离散时间序列
for i=1:N-1
        alpha1=alpha(s);
        alpha2=1-alpha(s);
        w1(1)=(1-alpha1-1);
        w2(1)=(1-alpha2-1);
        w1(i+1)=(1-(alpha1+1)/(i+1))*w1(i);
        w2(i+1)=(1-(alpha2+1)/(i+1))*w2(i);
        x(i+1)=-w1(1:i)*x(i:-1:1)'+h^(alpha1)*y(i);
        y(i+1)=-w2(1:i)*y(i:-1:1)'+h^(alpha2)*z(i);
        z(i+1)=z(i)+h*1/m*(-k*x(i)-c*z(i)-delta*y(i)+F1(i));
end
  N1=round(2*fs*2*pi/omega(j))+1;   %计算时需略去前20个周期的点
  t2=t(N1:N); %采用后80个周期的点做为计算稳态响应的数据点
  x2=x(N1:N); %采用后80个周期的点做为计算稳态响应的数据点
  z11=x2.*sin(omega(j).*t2)*h;
  z12=x2.*cos(omega(j).*t2)*h;
  B11=sum(z11);
  B12=sum(z12);
  Q(s,j)=2/((N-N1)/fs)*sqrt(B11^2+B12^2);
end
subplot(2,2,s+1)
plot(omega,A(s,:),'-r','linewidth',3)
hold on;
plot(omega,Q(s,:),'o')
```

```
    xlabel('\it\omega','fontsize',12,'fontname','times new roman')
    ylabel('\ita','fontsize',12,'fontname','times new roman')
    legend('解析解','数值解')
end
gtext('(a) 解析解')
gtext('(b) \alpha=0.5 ')
gtext('(c) \alpha=1.0')
gtext('(d) \alpha=1.5')
```

(2) 图 2.4 的 MATLAB 图形仿真程序

```
clear all;
close all;
clc;
F=2;m=5;k=10;c=0.3;delta=1.5;
omega=0.1:0.1:3;
L=length(omega);
alpha=[0.5 1.0 1.5];
for r=1:3
    for s=1:3
        for j=1:L
            omega1=(2*s-1)*omega(j);
            b1(s,j)=4/pi*1/(2*s-1)*F/sqrt((c*omega1+delta*omega1^alpha
            (r)*sin(alpha(r)*pi/2))^2+(k-omega1^2*m+delta*omega1^alpha
            (r)*cos(alpha(r)*pi/2))^2);
        end
    end
    for j=1:L
        fs=100;
        h=1/fs;
        N=round(10*fs*2*pi/omega(j));%采样点数
        N1=round(2*fs*2*pi/omega(j))+1;
        n=0:N-1;
        t=n/fs;
        F1=F*sign(cos(omega(j).*t));
        x=zeros(1,N);
        y=zeros(1,N);
```

```
        z=zeros(1,N);
        for i=1:N-1
                alpha1=alpha(r);
                alpha2=1-alpha(r);
                w1(1)=(1-alpha1-1);
                w2(1)=(1-alpha2-1);
                w1(i+1)=(1-(alpha1+1)/(i+1))*w1(i);
                w2(i+1)=(1-(alpha2+1)/(i+1))*w2(i);
                x(i+1)=-w1(1:i)*x(i:-1:1)'+h^(alpha1)*y(i);
                y(i+1)=-w2(1:i)*y(i:-1:1)'+h^(alpha2)*z(i);
                z(i+1)=z(i)+h*1/m*(-k*x(i)-c*z(i)-delta*y(i)+F1(i));
        end
        for s=1:3
            omega1=(2*s-1)*omega(j);
            t2=t(N1:N);
            x2=x(N1:N);
            z11=x2.*sin(omega1.*t2)*h;
            z12=x2.*cos(omega1.*t2)*h;
            B11=sum(z11);
            B12=sum(z12);
            R1(s,j)=2/((N-N1)/fs)*sqrt(B11^2+B12^2);
        end
    end
for s=1:3
    subplot(3,1,r)
    if s==1
        plot(omega,b1(s,:),'--r','linewidth',2)
        hold on
        plot(omega,R1(s,:),'sr','markersize',4,'linewidth',2)
    elseif s==2
        plot(omega,b1(s,:),':b','linewidth',2)
        hold on
        plot(omega,R1(s,:),'vb','markersize',4,'linewidth',2)
    else
        plot(omega,b1(s,:),'-k','linewidth',2)
```

```
        hold on
        plot(omega,R1(s,:),'ok','markersize',4,'linewidth',2)
    end
    xlabel('\it\omega','fontsize',12,'fontname','times new roman')
    ylabel('\ita_n','fontsize',12,'fontname','times new roman')
  end
legend('{\ita}_1解析解','{\ita}_1数值解','{\ita}_2解析解','{\ita}_2数值
解','{\ita}_3解析解','{\ita}_3数值解')
end
gtext('(a) \alpha=0.5')
gtext('(b) \alpha=1.0')
gtext('(c) \alpha=1.5')
```

参 考 文 献

[1] 胡海岩. 机械振动基础. 北京: 北京航空航天大学出版社, 2005.

[2] 陈文, 孙洪广, 李西成, 等. 力学与工程问题的分数阶导数建模. 北京: 科学出版社, 2010.

[3] 周激流, 蒲亦非, 廖科. 分数阶微积分原理及其在现代信号分析与处理中的应用. 北京: 科学出版社, 2010.

[4] 申永军, 杨绍普, 邢海军. 含分数阶微分的线性单自由度振子的动力学分析. 物理学报, 2012, 61(11):110505.

[5] 申永军, 杨绍普, 邢海军. 含分数阶微分的线性单自由度振子的动力学分析 (Ⅱ). 物理学报, 2012, 61(15):150503.

第 3 章　基础激励下分数阶线性系统的稳态响应

本章研究基础激励下含分数阶阻尼的线性系统稳态响应特性。当基础激励为简谐激励时，通过待定系数法求得系统的动力传递系数。当基础激励为非简谐周期激励时，首先将激励展开成傅里叶级数，然后求得激励中各阶频率成分所引起的动力传递系数，最后根据线性系统的叠加原理求得基础激励为非简谐周期激励时分数阶线性系统的稳态响应。通过将非周期激励展开成傅里叶级数，解决了数值运算中的不可导问题。

3.1　简谐激励下系统的动力传递系数

如图 3.1 所示的动力学模型，其中 m 为系统质量，$f(t)$ 表示基础激励，c 和 δ 分别为常规线性阻尼和分数阶阻尼的阻尼系数，k 为线性弹簧的刚度系数。根据牛顿第二定律，对图 3.1 所示的系统列方程得到

$$m\frac{\mathrm{d}^2 x}{\mathrm{d}t^2} + c\frac{\mathrm{d}}{\mathrm{d}t}\left[x - f(t)\right] + \delta\frac{\mathrm{d}^\alpha}{\mathrm{d}t^\alpha}\left[x - f(t)\right] + k\left[x - f(t)\right] = 0 \tag{3.1}$$

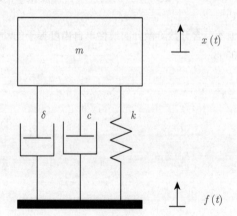

图 3.1　基础激励下分数阶线性系统的动力学模型

3.1.1　近似解析解

当基础激励为余弦激励 $f(t) = F\cos(\omega t)$ 时，根据线性系统受迫响应的特性，设方程 (3.1) 的解为

$$x(t) = X\cos(\omega t - \varphi) \tag{3.2}$$

把式 (3.2) 代入式 (3.1)，使用待定系数法得到余弦激励下系统的解为

$$
\begin{cases}
X = F\sqrt{\dfrac{\left(k + \delta\omega^\alpha \cos\dfrac{\alpha\pi}{2}\right)^2 + \left(c\omega + \delta\omega^\alpha \sin\dfrac{\alpha\pi}{2}\right)^2}{\left(k - m\omega^2 + \delta\omega^\alpha \cos\dfrac{\alpha\pi}{2}\right)^2 + \left(c\omega + \delta\omega^\alpha \sin\dfrac{\alpha\pi}{2}\right)^2}} \\[4mm]
\varphi = \arctan\dfrac{m\omega^2\left(c\omega + \delta\omega^\alpha \sin\dfrac{\alpha\pi}{2}\right)}{\left(c\omega + \delta\omega^\alpha \sin\dfrac{\alpha\pi}{2}\right)^2 + \left(k - m\omega^2 + \delta\omega^\alpha \cos\dfrac{\alpha\pi}{2}\right)\left(k + \delta\omega^\alpha \cos\dfrac{\alpha\pi}{2}\right)}
\end{cases}
\tag{3.3}
$$

用 X/F 表示动力传递系数，用以揭示基础激励引起的运动传递到受力对象的情况，X/F 也称为放大因子[1]。当基础激励为正弦激励 $f(t) = F\sin(\omega t)$ 时，利用相同的分析方法得到系统响应的解析解为

$$
x(t) = X\sin(\omega t - \varphi)
\tag{3.4}
$$

式中，X 和 φ 仍由式 (3.3) 来表示。

3.1.2 数值仿真结果

对于方程 (3.1)，利用分数阶导数的 Grünwald-Letnikov 定义来进行离散，选取恰当的步长，进行迭代可求得 $x(t)$。在 $x(t)$ 满足连续且分数阶导数存在的条件下，运用分数阶求导算子的可加性质式 (1.10) 进行降维处理，将方程 (3.1) 变形为

$$
\begin{cases}
\dfrac{\mathrm{d}^\alpha x(t)}{\mathrm{d}t^\alpha} = y(t) \\[3mm]
\dfrac{\mathrm{d}^{1-\alpha} y(t)}{\mathrm{d}t^{1-\alpha}} = z(t) \\[3mm]
\dfrac{\mathrm{d}z(t)}{\mathrm{d}t} = \dfrac{1}{m}\left[-kx(t) - cz(t) - \delta y(t) + c\dfrac{\mathrm{d}f(t)}{\mathrm{d}t} + kr + \delta\dfrac{\mathrm{d}^\alpha f(t)}{\mathrm{d}t^\alpha}\right]
\end{cases}
\tag{3.5}
$$

方程 (3.5) 和方程 (3.1) 是完全等价的。基于 Grünwald-Letnikov 定义离散方程 (3.5) 得到

$$
\begin{cases}
x_n = -\displaystyle\sum_{j=1}^{n-1} w_j^{(\alpha)} x_{n-j} + h^\alpha y_{n-1} \\[3mm]
y_n = -\displaystyle\sum_{j=1}^{n-1} w_j^{(1-\alpha)} y_{n-j} + h^{1-\alpha} z_{n-1} \\[3mm]
z_n = -\displaystyle\sum_{j=1}^{n-1} w_j^{(1)} x_{n-j} + \dfrac{h}{m}\left(-kx_{n-1} - cz_{n-1} - \delta y_{n-1} + c\dfrac{\mathrm{d}f}{\mathrm{d}t}\bigg|_{n-1} + kf_{n-1} + \delta\dfrac{\mathrm{d}^\alpha f}{\mathrm{d}t^\alpha}\bigg|_{n-1}\right)
\end{cases}
\tag{3.6}
$$

式 (3.6) 中，$h \to 0$ 为计算的时间步长。

图 3.2 给出了基础激励为余弦激励时，系统响应的动力传递系数。在图 3.2(a) 所示的三维图中发现，当 α 的值远离 1 时，系统响应的动力传递系数会增大，这说明分数阶形式的阻尼比常规的线性阻尼能够引起系统响应更大的振幅。图 3.2(b)~图 3.2(d) 分别给出了 α 取不同值时动力传递系数的解析解与数值解及其对比。图示表明，两种结果吻合较好，证明了解析方法和数值方法的正确性。

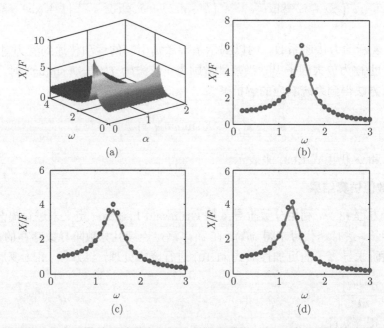

图 3.2　基础激励为余弦激励时系统响应的动力传递系数，(a) 动力传递系数解析结果的三维图形，(b) $\alpha = 0.5$，(c) $\alpha = 1.0$，(d) $\alpha = 1.5$，其他计算参数为 $m = 5$，$k = 10$，$c = 0.5$，$\delta = 1.5$，粗实线为解析结果，离散的点为数值仿真结果

3.2　非简谐周期激励下系统的动力传递系数

对于任意的非简谐周期激励 $F(t)$，通过待定系数法不能直接求得系统相应的解，可将原激励展开成傅里叶级数后利用线性系统的叠加原理来解决这一问题，方法同 2.2 节。原则上讲，如果基础激励存在不可导的点，则不能使用式 (3.1) 进行建模，也不能使用式 (3.6) 进行数值计算。将非简谐的周期激励展开成傅里叶级数，由于傅里叶级数中每一项都是处处可导的，这就将基础激励由不可导变为可导，仍能够使用式 (3.1) 及式 (3.6)。

3.2.1 周期方波激励下系统的动力传递系数

周期方波激励的表达式及傅里叶级数的展开式为式 (2.15) 和式 (2.16)，利用叠加原理求得周期方波激励引起的响应为

$$x(t) = \frac{4}{\pi} \sum_{n=1}^{\infty} \frac{1}{2n-1} Z_n \sin(\omega_n t - \varphi_n) \tag{3.7}$$

式中，$\omega_n = n\omega$，Z_n 和 φ_n 由下式确定

$$Z_n = F \sqrt{\frac{\left(k + \delta\omega_n^\alpha \cos\dfrac{\alpha\pi}{2}\right)^2 + \left(c\omega_n + \delta\omega_n^\alpha \sin\dfrac{\alpha\pi}{2}\right)^2}{\left(k - m\omega_n + \delta\omega_n^\alpha \cos\dfrac{\alpha\pi}{2}\right)^2 + \left(c\omega_n + \delta\omega_n^\alpha \sin\dfrac{\alpha\pi}{2}\right)^2}} \tag{3.8}$$

$$\varphi_n = \arctan \frac{m\omega_n^2 \left(c\omega_n + \delta\omega_n^\alpha \sin\dfrac{\alpha\pi}{2}\right)}{\left(c\omega_n + \delta\omega_n^\alpha \sin\dfrac{\alpha\pi}{2}\right)^2 + \left(k - m\omega_n^2 + \delta\omega_n^\alpha \cos\dfrac{\alpha\pi}{2}\right)\left(k + \delta\omega_n^\alpha \cos\dfrac{\alpha\pi}{2}\right)} \tag{3.9}$$

第 n 阶响应的动力传递系数为

$$\frac{X_n}{F} = \frac{4}{\pi} \frac{1}{2n-1} \frac{Z_n}{F} \tag{3.10}$$

图 3.3 给出了周期方波激励下，系统响应的前二阶动力传递系数的解析解和数值解。第 2 阶简谐分量引起的响应共振区宽度明显小于第 1 阶简谐分量引起的

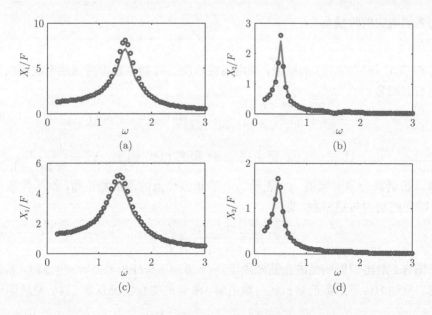

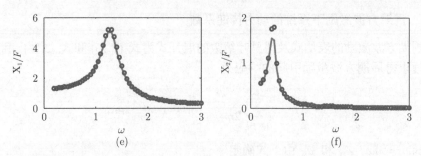

图 3.3　基础激励为周期方波形式时系统响应的前二阶动力传递系数, (a) 和 (b) $\alpha = 0.5$, (c) 和 (d) $\alpha = 1.0$, (e) 和 (f) $\alpha = 1.5$, 其他计算参数为 $m = 5$, $k = 10$, $c = 0.5$, $\delta = 1.5$, 粗实线为解析结果, 离散的点为数值仿真结果

响应共振区宽度。需要注意的是, 周期方波激励在进行数值运算时不能够直接在式 (3.6) 中进行求导, 需要将方波按式 (3.7) 展开成傅里叶级数, 然后选取傅里叶级数的前 10 项进行近似的求导计算。从数值仿真结果与解析结果的吻合程度来看, 这种近似的计算方法是合理的。

3.2.2　周期全波正弦激励下系统的动力传递系数

周期全波正弦激励的表达式及其傅里叶级数可由式 (2.19) 和式 (2.20) 表示, 根据线性系统的叠加原理, 周期全波正弦激励引起的响应可用式 (2.20) 中常量及余弦分量引起的响应叠加得到。首先求出常量引起的系统响应, 根据方程

$$m\frac{\mathrm{d}^2x}{\mathrm{d}t^2} + c\frac{\mathrm{d}}{\mathrm{d}t}\left(x - \frac{2F}{\pi}\right) + \delta\frac{\mathrm{d}^\alpha}{\mathrm{d}t^\alpha}\left(x - \frac{2F}{\pi}\right) + k\left(x - \frac{2F}{\pi}\right) = 0 \tag{3.11}$$

得到系统响应的常量为

$$x_0 = \frac{2F}{k\pi} \tag{3.12}$$

根据式 (3.3) 与式 (3.12) 的结果, 利用线性系统的叠加原理得到周期全波正弦激励引起的响应为

$$x(t) = \frac{2F}{k\pi} - \frac{4}{\pi}\sum_{n=1}^\infty \frac{n}{4n^2-1}Z_n\cos\left(\omega_n t - \varphi_n\right) \tag{3.13}$$

式中, $\omega_n = n\omega$, 且 Z_n 和 φ_n 仍由式 (3.8) 和式 (3.9) 确定, $X_n = \frac{4}{\pi}\frac{n}{4n^2-1}Z_n$ 表示第 n 阶谐波分量的幅值, φ_n 表示第 n 阶谐波分量的滞后相位角, 则 $\frac{X_n}{F}$ 表示第 n 阶响应的动力传递系数, 即

$$\frac{X_n}{F} = \frac{4}{\pi}\frac{n}{4n^2-1}\frac{Z_n}{F} \tag{3.14}$$

图 3.4 给出了周期全波正弦激励下, $\alpha = 0.5$, $\alpha = 1.0$ 以及 $\alpha = 1.5$ 时, 系统响应前二阶动力传递系数的解析解与数值解, 两者的吻合情况良好。当分数阶阻尼的

阶数较低时,系统的动力传递系数较大。激励的第 2 阶简谐分量引起共振时,激励的第 1 阶简谐分量尚未引起共振,这可能使得系统响应在第 2 阶频率处的幅值大于其在第 1 阶简谐分量处的幅值。因此,对于非简谐的周期激励,高阶简谐分量引起的动力传递系数是不可忽略的。

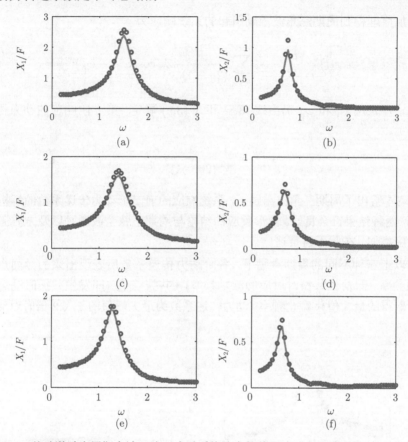

图 3.4 基础激励为周期全波正弦形式时系统响应的前二阶动力传递系数, (a) 和 (b) $\alpha = 0.5$, (c) 和 (d) $\alpha = 1.0$, (e) 和 (f) $\alpha = 1.5$, 其他计算参数为 $m = 5$, $k = 10$, $c = 0.5$, $\delta = 1.5$, 粗实线为解析结果,离散的点为数值仿真结果

3.2.3 周期三角波激励下系统的动力传递系数

周期三角波激励的表达式为

$$f(t) = \begin{cases} \dfrac{F\omega t}{\pi}, & 0 \leqslant t \leqslant \pi/\omega \\[2mm] -\dfrac{F\omega t}{\pi}, & \pi/\omega \leqslant t \leqslant 0 \end{cases} \tag{3.15}$$

将其展开为傅里叶级数为

$$f(t) = \frac{F}{2} - \frac{4}{\pi^2} \sum_{n=1}^{\infty} \frac{1}{(2n-1)^2} F \cos\left[(2n-1)\,\omega t\right] \tag{3.16}$$

利用叠加原理得到周期三角波激励引起的系统响应为

$$x(t) = \frac{F}{2k} - \frac{4}{\pi^2} \sum_{n=1}^{\infty} \frac{1}{(2n-1)^2} Z_n \cos\left(\omega_n t - \varphi_n\right) \tag{3.17}$$

式中，$\omega_n = n\omega$，Z_n 和 φ_n 仍由式 (3.8) 和式 (3.9) 确定，第 n 阶响应的动力传递系数为

$$\frac{X_n}{F} = \frac{4}{\pi^2} \frac{1}{(2n-1)^2} \frac{Z_n}{F} \tag{3.18}$$

图 3.5 给出了周期三角波激励下，系统响应的前二阶动力传递系数的解析解和数值解，两种结果符合良好。图形反应的结论与周期正弦全波激励以及方波激励引起的响应类似，在此不再赘述。

在以上三种不同的周期激励下，各阶动力传递系数所表现出来的异同点可以从中心频率 (即发生共振时对应的激励频率)、共振峰值 (即发生共振时动力传递系数所取得的最大值)、截止频率 (动力传递系数为最大峰值的 $1/\sqrt{2}$ 倍时对应的激

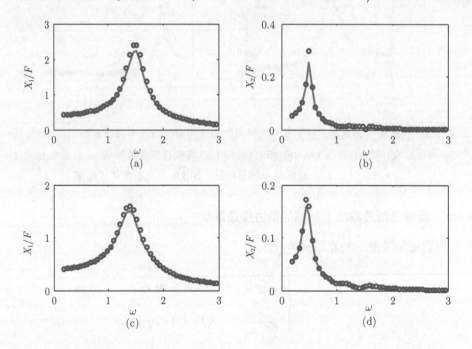

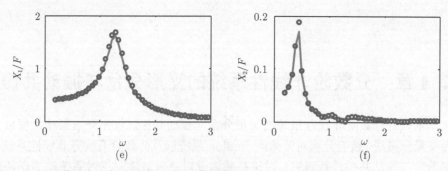

图 3.5　基础激励为三角波形式时系统响应的前 2 阶动力传递系数, (a) 和 (b) $\alpha = 0.5$, (c) 和 (d) $\alpha = 1.0$, (e) 和 (f) $\alpha = 1.5$, 其他计算参数为 $m = 5$, $k = 10$, $c = 0.5$, $\delta = 1.5$, 粗实线为解析结果, 离散的点为数值仿真结果

励频率)、带宽 (两个截止频率之间的距离) 四个指标进行对比 [2]。首先当分数阶阻尼的阶数 α 确定后, 以上三种不同周期激励下同一阶动力传递系数的中心频率是一致的, 但共振峰值大小不同。这个结论可以从图 3.3~ 图 3.5 中直接得到, 也可以通过分析式 (3.10)、式 (3.14)、式 (3.18) 得到。对于以上三种周期激励, 参考式 (3.10)、式 (3.14)、式 (3.18) 及式 (3.8), 当第 n 阶动力传递系数曲线发生共振时, 式 (3.8) 取最大值。因此, 当系统参数 m、c、k 及 α 的值确定时, 以上三种激励下动力传递系数发生共振时对应的 ω 值, 即中心频率是一致的。进一步, 当式 (3.8) 取最大值时, 从式 (3.10)、式 (3.14)、式 (3.18) 发现三种不同的周期激励下共振峰值大小不同。周期方波激励下, 动力传递系数的共振峰值最大。周期三角波激励下, 动力传递系数的共振峰值最小。因此, 截止频率与带宽也不相同。理论分析和数值仿真都说明当其他参数相同时, 周期方波激励下, 动力传递系数的带宽最大。周期三角波激励下, 动力传递系数的带宽最小。

　　本章的图形的 MATLAB 仿真程序与 2.3 节的 MATLAB 仿真程序无本质区别, 本章不再给出。

参 考 文 献

[1] 何琳, 帅长庚. 振动理论与工程应用. 北京: 科学出版社, 2015.

[2] Balachandran B, Magrab E B. Vibrations. Australia: Cengage Learning, 2008.

第 4 章　分数阶非线性系统的叉形分岔与振动共振

本章研究分数阶非线性系统的叉形分岔与振动共振。首先介绍振动共振以及快慢变量分离法，接着分别对分数阶 Duffing 系统以及分数阶五次方非线性系统的叉形分岔与振动共振进行研究，讨论高频激励以及分数阶阻尼对系统动力学特性的影响规律。

4.1　非线性系统的振动共振

自 20 世纪后半叶起，非线性科学取得了飞速的进展，并伴随产生了一系列的热点研究领域，如混沌、分形、孤立子等。而今，这些热点问题早已渗透到了所有学科的研究中，上述的研究热点已逐渐变成传统的研究领域。近三十年来，对诸多非经典共振现象的研究引起了众多领域科研工作者的浓厚兴趣，如随机共振 (stochastic resonance)[1,2]、随机谐振 (coherence resonance)[3-5]、振动共振 (vibrational resonance)[6] 等。这些新的研究成果，不仅一次次突破了人们的传统思维，而且在众多科技尖端领域实现了它们的应用价值，为科研工作者解决一系列难题提供了重要的新思路，在很大程度上促进了自然科学和工程技术的发展。分数阶系统的振动共振是本书的重要研究内容，鉴于部分读者对振动共振现象了解不多，为使广大读者更好地理解这一重要的非线性现象，本节首先从常规的整数阶系统着手，简单介绍振动共振及其机理。

4.1.1　传统意义的共振

传统意义的共振是指振动系统所受外激励的频率与系统固有频率接近时，系统稳态响应的振幅急剧增大的现象。通常利用幅频特性曲线对共振现象进行量化研究，常用的幅频特性曲线分为位移幅频特性曲线、速度幅频特性曲线、加速度幅频特性曲线三种。为便于和振动现象进行比较，本书只研究位移幅频特性曲线。以受简谐激励的单自由度欠阻尼系统为例，系统模型为

$$m\frac{\mathrm{d}^2x}{\mathrm{d}t^2} + \delta\frac{\mathrm{d}x}{\mathrm{d}t} + kx = f\cos(\omega t) \tag{4.1}$$

该系统的稳态解为 $x(t) = X\cos(\omega t - \varphi)$，利用待定系数法得到

$$X = \frac{f}{\sqrt{(k - m\omega^2)^2 + (\delta\omega)^2}}, \quad \varphi = \arctan\frac{\delta\omega}{k - m\omega^2} \tag{4.2}$$

根据函数求极值的方法,求得 X 取最大值时 ω 为

$$\omega = \sqrt{\frac{k}{m} - \frac{\delta}{2m^2}} \tag{4.3}$$

系统 (4.1) 的固有频率为 $\omega_n = \sqrt{\dfrac{k}{m}}$,可见欠阻尼系统在位移共振发生时外激励频率 ω 稍小于系统的固有频率 ω_n。阻尼系数 δ 的取值越小,发生共振时外激励频率越接近于系统的固有频率,如图 4.1 所示。

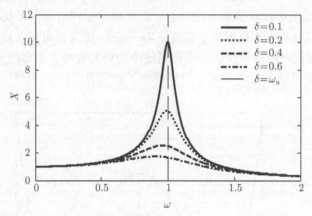

图 4.1　系统 (4.1) 的幅频特性曲线, $m = 1$, $k = 1$, $f = 1$

4.1.2　振动共振现象及度量指标

振动共振现象研究高频信号和微弱低频信号同时激励的非线性系统动力学行为,由 Landa 和 McClintock 最先提出[6]。考虑典型的双稳势函数

$$V(x) = \frac{1}{4}bx^4 - \frac{1}{2}ax^2 \tag{4.4}$$

为简化分析,取 $a = b = 1$,其势阱形状如图 4.2 所示,$x_{1,2} = \mp\sqrt{a/b}$ 分别是势函数的两个最小极值点,即两个稳定的状态,x_3 是势函数的最大极值点,表示不稳定的状态。ΔV 是势垒的高度,$\Delta V = V(x_3) - V(x_{1,2})$,$\Delta V$ 的值越大,系统输出在两势阱之间的穿越就越困难。考查受双频信号激励的过阻尼双稳系统

$$\frac{\mathrm{d}x}{\mathrm{d}t} = -V'(x) + f\cos(\omega t) + F\cos(\Omega t) \tag{4.5}$$

式中,$V(x)$ 根据式 (4.4) 定义,$V'(x)$ 表示对 x 求导数。两输入信号的频率之间满足关系式 $\omega \ll \Omega$,且低频信号的幅值 $f \ll 1$,在研究经典振动共振时双频信号均需满足这一条件。根据非线性动力学理论[7],在系统 (4.5) 的受迫响应中包含多种频

率成分,如频率 ω、ω 的亚谐成分和超谐成分,频率 Ω、Ω 的亚谐成分和超谐成分以及 ω 和 Ω 经过线性组合运算后得到的频率成分 [8]。在这些频率成分中,基频 ω 是最为重要的频率成分,往往反映系统的重要特征信号。因此,就要使响应中对应于频率 ω 的幅值尽量大,但由于 $f \ll 1$,这就使系统响应在频率 ω 处的幅值很微弱。Landa 和 McClintock 经过数值研究发现系统响应在频率 ω 处的幅值与输入高频信号的幅值之间呈现非线性关系,通过调节高频信号的幅值可以使系统响应在频率 ω 处的幅值达到最大,出现类似于图 4.1 中的 "共振" 现象,他们将这一现象定义为 "振动共振"。当发生振动共振时,微弱低频信号在很大的程度上被增强,由于低频信号在系统中往往携带有用信息,因此增强低频信号对系统响应具有非常重要的意义。振动共振不仅得到了理论证明 [9–14],而且也得到了实验验证 [15,16]。近年来,振动共振在时滞系统以及网络系统中的研究取得了丰富的成果 [17–27],本书作者在分数阶系统的振动共振方面已经做了较多的工作 [12,28–32]。

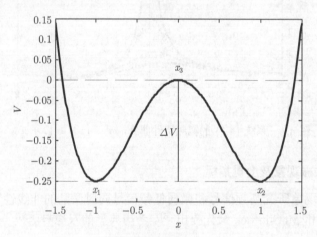

图 4.2　双稳势函数的形状,$a = 1$,$b = 1$

　　在数值仿真模拟中,通常以系统对低频输入信号的响应幅值增益来度量振动共振的程度,其定义为

$$Q = \sqrt{Q_s^2 + Q_c^2} \Big/ f \tag{4.6}$$

式中,Q_s 和 Q_c 分别为系统输出在频率 ω 处的正弦和余弦傅里叶分量

$$Q_s = \frac{2}{rT} \int_0^{rT} x(t) \sin(\omega t) \mathrm{d}t, \quad Q_c = \frac{2}{rT} \int_0^{rT} x(t) \cos(\omega t) \mathrm{d}t \tag{4.7}$$

结合式 (2.9) 和式 (2.10) 可知,式 (4.6) 定义的响应幅值增益是微弱低频信号通过非线性系统后被放大的倍数。利用数值计算,得到系统 (4.5) 的振动共振曲线如图 4.3 所示,在临界值 $F = F_c$ 处,系统对低频信号的响应发生 "共振" 现象。对比

图 4.3 中的 Q-F 和图 4.1 中的 X-ω 曲线，不难发现这两种曲线是非常相似的，这也是图 4.3 中的曲线被定义为振动共振曲线的原因。所不同的是，图 4.1 中系统对激励信号 $f\cos(\omega t)$ 的响应直接依赖于外激励的频率 ω，而图 4.3 中系统对激励信号 $f\cos(\omega t)$ 的响应除和外激励频率 ω 有一定关系外，还依赖于高频信号 $F\cos(\Omega t)$ 的幅值 F，对于外激励信号 $f\cos(\omega t)$ 一定的情形，可以通过调节 F 的值来增强系统的响应。例如，当 $\omega = 0.1$ 时，在图 4.3 上直接读取发生共振时 F 的临界值为 $F_c = 2.82$，此时系统响应中在频率 ω 处的幅值取得最大值，为 $Q_{\max}=4.82$，也可以理解为信号 $f\cos(\omega t)$ 通过系统 (4.5) 后被放大了 4.82 倍。

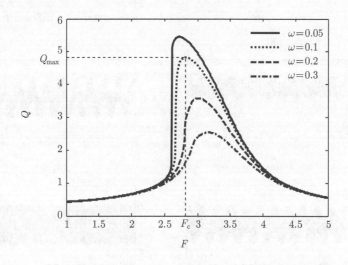

图 4.3　过阻尼双稳系统中外激高频信号幅值变化引起的振动共振现象，$a = 1$，$b = 1$，$f = 0.1$，$\Omega = 4.0$

　　系统的振动共振现象不仅体现在 Q-F 曲线上，而且还可以直接从时间响应序列上观察到。在图 4.4 中，给定一组 F 值，随着 F 的变化系统输出也发生了很大的变化。在图 4.4(a) 和图 4.4(b) 中，由于外激高频信号的幅值较小，系统的响应限制在一个势阱内，不能实现两个不同势阱之间的穿越。由图 4.2 可知，势函数的左右两个势阱具有两个相同的势垒高度。因此，系统的响应究竟限制在哪个势阱内部是由给定的初始条件决定的。如果给定的初始位移在左侧的势阱内，则系统的响应范围限制在左侧的势阱中；如果给定的初始位移在右侧的势阱内，则系统的响应范围限制在右侧的势阱中，这一结论可以通过数值模拟方程 (4.5) 的解进行验证。随着外激高频信号的逐渐增强，系统的响应范围也逐渐向另一个势阱内扩大。在图 4.4(c) 中，$F = 2.5$，此时响应曲线已经进入到了右侧的势阱内。图 4.4(d) 中，$F = 2.82$，此时发生共振，响应达到最佳状态，系统响应中的低频成分非常明显。随着外激高频信号的进一步增大，系统响应中的低频成分又进一步减弱，直至完全被高频成分所淹没。由此可见，图 4.3 和图 4.4 是用两种不同的图形语言表达完全相同的意思，只不过在图 4.3 上可以直截了当地确定系统响应达到最佳状态时外激信号幅值的大小及低频信号被放大的情况。

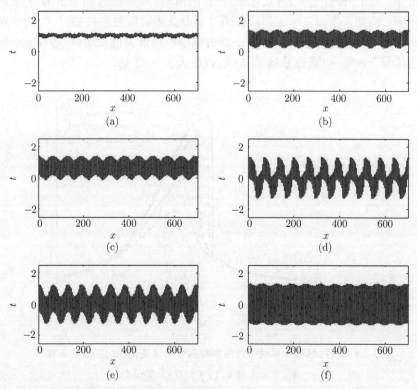

图 4.4　双频信号激励下过阻尼双稳系统的输出，(a) $F = 0.5$, (b) $F = 2$, (c) $F = 2.5$, (d) $F = 2.82$, (e) $F = 3.5$, (f) $F = 5$，其他计算参数为 $a = 1$, $b = 1$, $f = 0.1$, $\Omega = 4.0$

事实上，不仅外激高频信号的幅值变化会引起非线性系统的振动共振现象，外激高频信号的频率变化也同样会引起类似的现象，一般仍将其称之为振动共振。在系统 (4.5) 中，保持外激信号的幅值 F 不变而逐渐地变化其频率 Ω，Q 与 Ω 之间仍出现共振形状的曲线，如图 4.5 所示。随着 F 的逐渐增大，$Q - \Omega$ 曲线上发生共振的位置 (即曲线的峰值位置) 逐渐右移。换句话说，外激高频信号的幅值越大则发生共振时其频率的值也越大。

为更方便地确定发生共振时高频信号幅值的情况，图 4.6 给出了 Q 与 F 及 Ω 之间非线性关系的三维图，在该三维图上可以明显观察到共振曲面的形状。

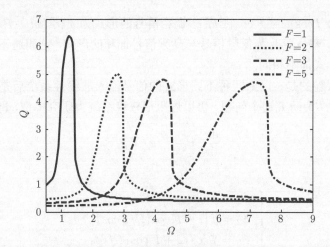

图 4.5 过阻尼双稳系统中外激高频信号频率变化引起的振动共振现象，
$a = 1$, $b = 1$, $f = 0.1$, $\omega = 0.1$

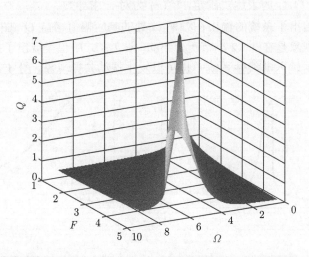

图 4.6 过阻尼双稳系统中外激高频信号变化引起的振动共振现象 (三维图)，
$a = 1$, $b = 1$, $f = 0.1$, $\omega = 0.1$

4.1.3 振动共振与信号的调制

信号的调制是通讯技术中的重要内容，几乎所有的通讯信号都是经过调制之后发射出去的。一些振动共振的初级读者，往往容易混淆振动共振现象和通讯技术中信号的调制问题。在通讯技术中，信号的调制原理包括调幅调制、调频调制和调相调制，分别简称为调幅、调频和调相。假设低频信号 $f\cos(\omega t)$ 是载波信号，高频信号 $F\cos(\Omega t)$ 是调制信号，则调幅信号的形式为 $f\left[1 + F\cos\left(\Omega t\right)\right]\cos\left(\omega t\right)$，调频

信号的形式为 $f \cos\left[\omega + F \cos\left(\Omega t\right)\right] t$，调相信号的形式为 $f \cos\left[\omega t + F \cos\left(\Omega t\right)\right]$。在系统 (4.5) 中，输入信号为低频信号与高频信号加和的形式，这和通讯技术中信号的三种调制形式都不相同。

让人感兴趣的是，以上四种不同形式的信号输入非线性系统后是否都会引起振动共振现象？为研究这个问题，仍以过阻尼双稳系统为研究模型，即

$$\frac{\mathrm{d}x}{\mathrm{d}t} = -V'(x) + S_i \tag{4.8}$$

式中，

$$\begin{cases} S_1 = f \cos(\omega t) + F \cos(\Omega t) \\ S_2 = f \left[1 + F \cos\left(\Omega t\right)\right] \cos\left(\omega t\right) \\ S_3 = f \cos\left[\omega + F \cos\left(\Omega t\right)\right] t \\ S_4 = f \cos\left[\omega t + F \cos\left(\Omega t\right)\right] \end{cases} \tag{4.9}$$

$V(x)$ 仍根据式 (4.4) 的表达式确定，$V'(x)$ 为对 x 求导数。

图 4.7 中给出了系统的输出在频率 ω 处的响应幅值增益 Q，图 4.7(a) 中所呈现的振动共振现象是在 4.1.2 小节所介绍的，图 4.7(b) 中也呈现出了振动共振现象，这说明调幅信号输入非线性系统中也可以发生振动共振现象。图 4.7(c) 中 Q-F 曲

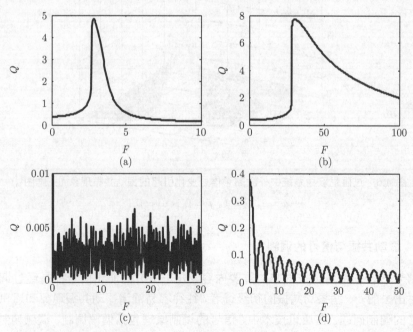

图 4.7　系统 (4.8) 的输出在频率 ω 处的幅值增益，(a) 输入信号为 S_1，(b) 输入信号为 S_2，(c) 输入信号为 S_3，(d) 输入信号为 S_4，计算参数为 $a = 1$，$b = 1$，$f = 0.1$，$\Omega = 4.0$

线呈现出极其混乱的形状, 未出现振动共振现象, 这说明输入为调频信号时系统输出不会发生振动共振现象。图 4.7(d) 中 Q 随着 F 的逐渐增大而不断地振荡, 但这不能证明振动共振现象的存在。振动共振的作用是增强微弱低频信号, 要求响应幅值增益 Q 大于 1, 而图 4.7(d) 并不满足这一要求, 因此图 4.7(d) 中不存在振动共振现象, 这说明调相信号不能引起振动共振。

在振动共振研究中, 输入系统的信号为载波信号 $f\cos(\omega t)$ 与调制信号 $F\cos(\Omega t)$ 的简单加和, 这就使得系统的输入更容易控制。再者, 振动共振和信号的调制所适用的范围也不同, 信号的调制主要研究如何增强已知的低频微弱信号并将其有效地传播出去。振动共振现象除了能够增强信号之外还可以用于未知低频信号的检测, 即通过调节高频信号有效地将原来未知的低频信号显示出来, 这就是振动共振的研究意义。

4.1.4 振动共振与随机共振

随机共振是近三十年来最为著名的非线性现象之一, 它完全颠覆了人们的传统观念。一般情况下, 人们认为噪声对信号起消极的干扰作用。换句话说, 传统观点认为系统输入的噪声越大, 则系统输出的信噪比越低。然而事实并非如此, 当系统输入中存在噪声时, 噪声对系统输出的信噪比可能起积极的作用。事实上, 系统输出的信噪比 (SNR) 和噪声强度 (D) 之间呈现非线性关系, SNR-D 曲线形状类似于图 4.3 中 Q-F 曲线形状 [2]。

Landa 和 McClintock 在研究随机共振时, 把系统中的噪声换为高频信号, 即得到了方程 (4.5), 进而发现了振动共振现象 [6], 这也使得振动共振的研究比随机共振的研究晚了近二十年。振动共振和随机共振存在着诸多相似之处, 但其增强微弱低频信号的机理却不同, 随机共振的发生是由于噪声协助低频信号在两势阱之间穿越, 噪声不会改变系统的刚度; 振动共振的发生是由于高频信号软化了系统的刚度, 改变了系统的平衡点, 使非线性系统发生了叉形分岔。虽然两种共振发生的机理不同, 但我们可以断定, 如果某非线性系统中存在随机共振现象, 那么该非线性系统中必然存在振动共振现象。基于这一假设, 振动共振的研究有其捷径可循。

4.2 分数阶 Duffing 系统的叉形分岔与振动共振

本节分别研究过阻尼形式及欠阻尼形式的分数阶 Duffing 系统的叉形分岔与振动共振。双频信号激励下, 受双频信号激励的过阻尼形式的分数阶 Duffing 系统如下

$$\frac{\mathrm{d}^{\alpha}x}{\mathrm{d}t^{\alpha}} + \omega_0^2 x + \beta x^3 = f\cos(\omega t) + F\cos(\Omega t) \tag{4.10}$$

欠阻尼形式的分数阶 Duffing 系统如下

$$\frac{\mathrm{d}^2 x}{\mathrm{d}t^2} + \delta\frac{\mathrm{d}^\alpha x}{\mathrm{d}t^\alpha} + \omega_0^2 x + \beta x^3 = f\cos(\omega t) + F\cos(\Omega t) \tag{4.11}$$

在系统 (4.10) 及系统 (4.11) 中, 参数满足 $\beta > 0$, $\delta > 0$, $f \ll 1$, $\omega \ll \Omega$, 系统的势函数为 $V(x) = \frac{1}{2}\omega_0^2 x^2 + \frac{1}{4}\beta^4$。当 $\omega_0^2 < 0$ 时, $V(x)$ 具有双势阱形状; 当 $\omega_0^2 > 0$ 时, $V(x)$ 具有单势阱形状。

　　本书主要采用快慢变量分离法分析双频信号激励下系统的响应特性, 快慢变量分离法适用于 $\omega \ll \Omega$ 的情况。快慢变量分离法也称为运动直接分离法 (method of direct partition of motions), 是解决含有高频激励的非线性系统响应问题的有力工具, 它侧重于分析系统响应中的慢变量成分, 通过将高频激励变成等效系统的参数, 研究高频激励信号对慢变量的影响 [33,34], 该方法已在不同的系统中得到了广泛的应用 [9-14,17,35-43]。本书作者最先将这种方法引入到分数阶非线性系统响应的研究中 [12]。该方法比非线性动力学中的其他方法比如摄动法、平均法、多尺度法等更简单。使用该方法得到的是系统的稳定解, 可以避免出现非线性系统响应中的跳跃现象 (jump phenomenon)。该方法也存在一定的不足, 如对外激励具有一定的敏感性, 因此造成计算精度比其他近似方法低, 但该方法能满足大部分工程问题中的误差要求。为了使该方法更简单明了, 作者在原基础上对该方法稍做改进。

4.2.1　过阻尼形式的分数阶 Duffing 系统

　　根据快慢变量分离法, 令 $x = X + \Psi$, 其中 X 和 Ψ 分别是以 $2\pi/\omega$ 和 $2\pi/\Omega$ 为周期的慢变量和快变量。将 $x = X + \Psi$ 代入方程 (4.10) 得到

$$\begin{aligned}&\frac{\mathrm{d}^\alpha X}{\mathrm{d}t^\alpha} + \frac{\mathrm{d}^\alpha \Psi}{\mathrm{d}t^\alpha} + (\omega_0^2 + 3\beta\Psi^2)X + \omega_0^2\Psi + \beta X^3 + 3\beta X^2\Psi + \beta\Psi^3 \\ &= f\cos(\omega t) + F\cos(\Omega t)\end{aligned} \tag{4.12}$$

在下列线性方程中寻找快变量 Ψ 的近似解

$$\frac{\mathrm{d}^\alpha \Psi}{\mathrm{d}t^\alpha} + \omega_0^2\Psi = F\cos(\Omega t) \tag{4.13}$$

令

$$\Psi = \frac{F}{\mu}\cos(\Omega t - \theta) \tag{4.14}$$

将式 (4.14) 代入式 (4.13), 使用待定系数法得到

$$\begin{cases} \mu^2 = \left[\omega_0^2 + \Omega^\alpha\cos(\alpha\pi/2)\right]^2 + \left[\Omega^\alpha\sin(\alpha\pi/2)\right]^2 \\ \theta = \arctan\dfrac{\Omega^\alpha\sin(\alpha\pi/2)}{\omega_0^2 + \Omega^\alpha\cos(\alpha\pi/2)} \end{cases} \tag{4.15}$$

将 Ψ 的近似解代入式 (4.12),对时间 t 在 $[0, 2\pi/\Omega]$ 内进行积分,并将 $f\cos(\omega t)$ 以及 X 看作常数,得到与系统 (4.10) 等价的系统

$$\frac{\mathrm{d}^\alpha X}{\mathrm{d}t^\alpha} + C_1 X + \beta X^3 = f\cos(\omega t) \tag{4.16}$$

式中,$C_1 = \omega_0^2 + 3\beta F^2/(2\mu^2)$。

当 $f = 0$ 时,式 (4.16) 中可能存在的平衡点为

$$X^* = 0, \quad X_\pm^* = \pm\sqrt{-C_1/\beta} \tag{4.17}$$

慢变量 X 可能表现为围绕稳定平衡点的振荡。为研究系统中的简谐成分,先去除响应中的常数部分,令 $Y = X - X^*$,得到

$$\frac{\mathrm{d}^\alpha Y}{\mathrm{d}t^\alpha} + \omega_\mathrm{r}^2 Y + 3\beta X^* Y^2 + \beta Y^3 = f\cos(\omega t) \tag{4.18}$$

式中,$\omega_\mathrm{r}^2 = C_1 + 3\beta X^{*2}$。在 $\omega \to 0$ 和 $t \to \infty$ 的情况下,在下列线性方程中寻找 $Y(t)$ 的解

$$\frac{\mathrm{d}^\alpha Y}{\mathrm{d}t^\alpha} + \omega_\mathrm{r}^2 Y = f\cos(\omega t) \tag{4.19}$$

根据待定系数法得 $Y = A_\mathrm{L}\cos(\omega t - \phi)$,其中

$$\begin{cases} A_\mathrm{L} = \dfrac{f}{\sqrt{\left[\omega_r^2 + \omega^\alpha\cos(\alpha\pi/2)\right]^2 + \left[\omega^\alpha\sin(\alpha\pi/2)\right]^2}} \\ \phi = \arctan\dfrac{\omega^\alpha\sin(\alpha\pi/2)}{\omega_r^2 + \omega^\alpha\cos(\alpha\pi/2)} \end{cases} \tag{4.20}$$

根据响应幅值增益的定义式 (4.6) 得到

$$Q = \frac{1}{\sqrt{\left[\omega_r^2 + \omega^\alpha\cos(\alpha\pi/2)\right]^2 + \left[\omega^\alpha\sin(\alpha\pi/2)\right]^2}} \tag{4.21}$$

1. 双稳势函数的情况

当 $\omega_0^2 < 0$ 时,系统 (4.10) 的势函数是双稳势函数。根据式 (4.16) 可以计算使系统发生叉形分岔的临界值。当 $C_1 < 0$ 时,等价系统 (4.16) 具有双稳态势函数,即具有一个不稳定的平衡点 $X^* = 0$ 和两个稳定的平衡点 $X_\pm^* = \pm\sqrt{-C_1/\beta}$;当 $C_1 > 0$ 时,等价系统 (4.16) 只具有一个稳定的平衡点 $X^* = 0$。当 C_1 从负值变化到正值时,系统发生了亚临界叉形分岔 (subcritical pitchfork bifurcation),反之为超临界叉形分岔 (supercritical pitchfork bifurcation),使 $C_1 = 0$ 的控制参数即为分岔点的临界值。关于平衡点的局部分岔,即静态分岔的详细讲解,可参见相关文献 [7, 33, 44, 45],本书不再做具体的介绍。

选取高频信号为控制参数，计算使 $C_1 = 0$ 的高频信号幅值的临界值为 $F_c = \left[2\mu^2 \left|\omega_0^2\right|/(3\beta)\right]^{\frac{1}{2}}$，即 F_c 为使系统发生叉形分岔的分岔点。当 $F < F_c$ 时，系统 (4.16) 具有一个不稳定的平衡点 X_0^* 和两个稳定的平衡点 $X_\pm^*$；当 $F \geqslant F_c$ 时，系统 (4.16) 仅具有一个稳定的平衡点 X_0^*。阶数 α 包含在 μ^2 中，因此 α 也是引起等价系统平衡点个数发生变化的重要因素。以下选取几组不同参数，对叉形分岔进行数值验证。

采用数值仿真对解析结果进行验证，根据 1.3.1 小节的数值算法，得到系统 (4.10) 离散计算的公式为

$$x_k = -\sum_{j=1}^{k-1} w_j^{(\alpha)} x_{k-j} + h^\alpha \left(-\omega_0^2 x_{k-1} - \beta x_{k-1}^3 + f_{k-1} + F_{k-1}\right) \tag{4.22}$$

式中，$f_{k-1} = f\cos[\omega(k-1)h]$，$F_{k-1} = F\cos[\Omega(k-1)h]$。

图 4.8 给出了控制参数 F 引起的亚临界叉形分岔，随着 F 的增大，等效系统的平衡点变化如图 4.8(a) 所示。图 4.8(b) 给出了通过对系统 (4.10) 直接进行数值仿真得到的叉形分岔图形。解析结果与数值仿真结果完全一致，验证了解析分析的正确性。关于静态分岔的数值仿真方法，在第 5~7 章分别给出三种不同的方法并进行详细介绍。在图 4.8 中，$T = 2\pi/\omega$。

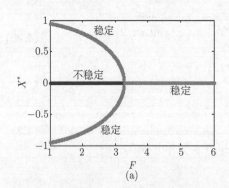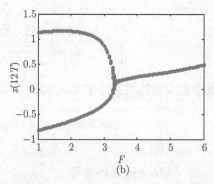

图 4.8　控制参数 F 引起的亚临界叉形分岔，(a) 解析结果，(b) 数值仿真结果，计算参数为 $\beta = -1$，$\omega_0^2 = 1$，$\alpha = 0.8$，$f = 0.1$，$\omega = 0.5$，$\Omega = 6$

图 4.9 利用相图给出了控制参数 F 引起的叉形分岔。当 $F = 1.5$ 时，等价系统存在两个稳定的平衡点，系统的响应围绕其中的一个平衡点运动。当 $F=4$ 时，等价系统仅存在一个稳定的平衡点，系统的响应围绕这一个稳定的平衡点运动。

阻尼阶数 α 也是引起叉形分岔的重要因素，图 4.10 给出了参数 α 引起的超临界叉形分岔。随着系统阶数 α 的增大，系统的稳定平衡点由一个变为两个。图 4.10(a) 是根据等价系统 (4.16) 给出的解析结果，图 4.10(b) 是根据系统 (4.10)

直接给出的数值仿真结果，解析结果和数值仿真结果基本一致。通过对比图 4.8 与图 4.10 发现，控制参数 F 与阻尼阶数 α 虽然都引起叉形分岔，但引起叉形分岔的类型是不同的。F 引起的是亚临界叉形分岔，α 引起的是超临界叉形分岔。

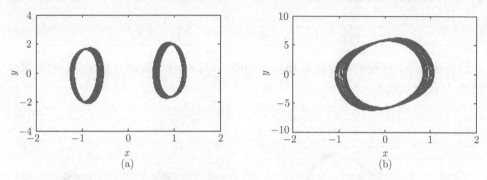

图 4.9 控制参数 F 引起的相图变化，(a) $F = 1.5$，(b) $F = 4$，计算参数为 $\beta = -1$，$\omega_0^2 = 1$，$\alpha = 0.8$，$f = 0.1$，$\omega = 0.5$，$\Omega = 6$，且 $y = \mathrm{d}^\alpha x / \mathrm{d} t^\alpha$

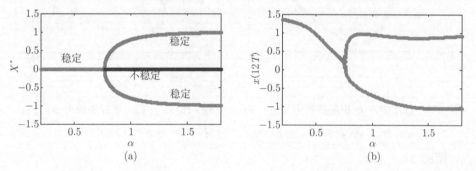

图 4.10 控制参数 α 引起的超临界叉形分岔，(a) 解析结果，(b) 数值仿真结果，计算参数为 $\beta = -1$，$\omega_0^2 = 1$，$f = 0.1$，$\omega = 0.5$，$F = 3$，$\Omega = 6$

图 4.11 用相图对阻尼阶数 α 引起的超临界叉形分岔进行了进一步验证，随着阶数 α 的增大，系统响应在相图上由围绕一个平衡点的运动变为围绕两个平衡点的运动。

在式 (4.21) 中，当满足 $\omega_r^2 + \omega^\alpha \cos(\alpha\pi/2) = 0$ 或在 $F = F_c$ 时，系统响应的幅值增益达到最大值，发生振动共振。以 F 为控制参数，有以下三种情况。

情况 1

当参数满足

$$2\omega_0^2 < \omega^\alpha \cos(\alpha\pi/2) < 0 \tag{4.23}$$

方程 $\omega_r^2 + \omega^\alpha \cos(\alpha\pi/2) = 0$ 有两个根，即

$$F_{\mathrm{VR}}^{(1)} = \left[\frac{\mu^2}{3\beta} \left(\omega^\alpha \cos \frac{\alpha\pi}{2} - 2\omega_0^2 \right) \right]^{\frac{1}{2}} < F_{\mathrm{c}} \tag{4.24}$$

和

$$F_{\mathrm{VR}}^{(2)} = \left[-\frac{2\mu^2}{3\beta} \left(\omega_0^2 + \omega^\alpha \cos \frac{\alpha\pi}{2} \right) \right]^{\frac{1}{2}} > F_{\mathrm{c}} \tag{4.25}$$

在这种情况下, 系统的响应幅值增益出现两个峰值, 发生双峰共振现象。响应幅值增益 Q 的最大值为

$$Q_{\max}^{(1)} = 1/|\omega^\alpha \sin(\alpha\pi/2)| \tag{4.26}$$

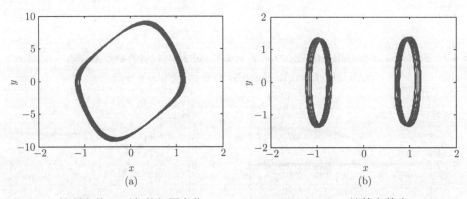

图 4.11　控制参数 α 引起的相图变化, (a) $\alpha = 0.5$, (b) $\alpha = 1.5$, 计算参数为 $\beta = -1$,
$\omega_0^2 = 1$, $f = 0.1$, $\omega = 0.5$, $F = 3$, $\Omega = 6$, 且 $y = \mathrm{d}^\alpha x/\mathrm{d}t^\alpha$

情况 2

当参数满足

$$\omega^\alpha \cos(\alpha\pi/2) \leqslant 2\omega_0^2 \tag{4.27}$$

方程 $\omega_{\mathrm{r}}^2 + \omega^\alpha \cos(\alpha\pi/2) = 0$ 有一个根, 能使 Q 取最大值的 F_{VR} 仅有一个值, 即式 (4.25) 中的 $F_{\mathrm{VR}}^{(2)}$。响应幅值增益 Q 的最大值仍由式 (4.26) 表示。

情况 3

当参数满足

$$\omega^\alpha \cos(\alpha\pi/2) \geqslant 0 \tag{4.28}$$

方程 $\omega_{\mathrm{r}}^2 + \omega^\alpha \cos(\alpha\pi/2) = 0$ 没有实数解, 在 $F_{\mathrm{VR}} = F_{\mathrm{c}}$ 处响应幅值增益 Q 有最大值

$$Q_{\max}^{(2)} = 1/\omega^\alpha \tag{4.29}$$

当 $\alpha = 1$ 时, 分数阶系统退化为整数阶系统, 相关的结果在其他文献中有相关介

绍 [10,13]，本节给出的是一般形式的结果。对于 $\alpha = 1$ 的特殊情况，分岔点 F_c 为

$$F_c = \left\{ \frac{2 \left| \omega_0^2 \right| \left[\left(\omega_0^2 \right)^2 + \Omega^2 \right]}{3\beta} \right\}^{\frac{1}{2}} \tag{4.30}$$

当 $\alpha > 1$ 时，式 (4.23) 和式 (4.27) 中的条件可能满足，系统的响应可能在 $F_{\text{VR}}^{(1)}$ 和 $F_{\text{VR}}^{(2)}$ 处发生双峰共振或者在 $F_{\text{VR}}^{(2)}$ 处发生单峰共振。当 $\alpha = 1$ 时，式 (4.28) 中的条件满足，在 $F = F_c$ 处发生共振。当 $\alpha < 1$ 时，式 (4.28) 中的条件满足，在 $F = F_c$ 处发生单峰共振。和常微分形式的 Duffing 系统相比，双峰共振以及在 $F_{\text{VR}}^{(2)}$ 处发生的单峰共振是分数阶系统中特有的新结果，产生这些新型共振的条件为 $\alpha > 1$。

图 4.12 给出了响应幅值增益 Q 的解析解与数值解。在图 4.12 (a) 中，当阶数 α 从小到大变化时，系统响应幅值增益 Q 与控制参数 F 之间的关系由单峰共振变成双峰共振。上述分析已表明，在常规的过阻尼系统中，即 $\alpha = 1$ 时，Q-F 曲线是不存在双峰共振模式的。根据式 (4.24) 和式 (4.25)，当 $\alpha = 1$ 时 $F_{\text{VR}}^{(1)} = F_{\text{VR}}^{(2)} = F_c$。

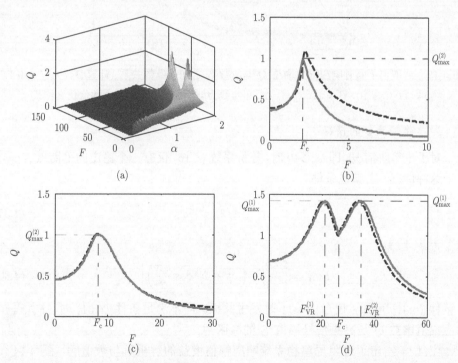

图 4.12 (a) 响应幅值增益 Q 的解析解，(b)~(d) 为 α 取不同值时响应幅值增益 Q 与参数 F 之间的函数关系，(b) $\alpha = 0.5$，(c) $\alpha = 1.0$，(d) $\alpha = 1.5$，计算参数为 $f = 0.1$，$\omega = 1$，$\Omega = 10$，$\beta = 1$，$\omega_0^2 = -1$，粗实线为解析解，虚线为数值解

在图 4.12(b) 和图 4.12(c) 中，参数的选取满足式 (4.28)，因此共振发生在 $F_{\mathrm{VR}} = F_{\mathrm{c}}$ 且共振的峰值为 $Q_{\max} = Q_{\max}^{(2)}$。在图 4.12(d) 中，$\alpha = 1.5$，式 (4.23) 满足，共振发生在 $F_{\mathrm{VR}}^{(1)}$ 和 $F_{\mathrm{VR}}^{(2)}$ 两个位置，响应幅值增益 Q 在 $F = F_{\mathrm{c}}$ 时位于一个局部最小值。系统阶数 $\alpha > 1$ 是引起 Q-F 曲线双峰共振模式的一个重要原因。

　　为进一步描述响应幅值增益 Q 与阶数 α 之间的非线性关系，图 4.13 给出了 F 取值不同时，Q 与 α 之间的关系曲线。阶数 α 的变化也可以引起系统的共振，且 F 的值越大，发生共振时对应的 α 值也越大。

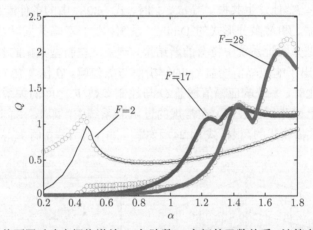

图 4.13　F 取值不同时响应幅值增益 Q 与阶数 α 之间的函数关系，计算参数为 $f = 0.1$，$\omega = 1$，$\Omega = 10$，$\beta = 1$，$\omega_0^2 = -1$，粗实线为解析结果，离散点为数值仿真结果

2. 单稳势函数的情况

　　对于单势阱情况，即 $\omega_0^2 > 0$ 时，等价系统 (4.16) 仅有一个稳定的平衡点 $X^* = 0$。对于这种情况，当满足条件

$$\omega^\alpha \cos(\alpha\pi/2) < -\omega_0^2 \tag{4.31}$$

共振点 F_{VR} 为

$$F_{\mathrm{VR}} = \left[-\frac{2\mu^2}{3\beta} \left(\omega_0^2 + \omega^\alpha \cos\frac{\alpha\pi}{2} \right) \right]^{\frac{1}{2}} \tag{4.32}$$

从条件 (4.31) 可知，仅当 $\alpha > 1$ 时发生共振。当不满足条件 (4.31) 时，$F_{\mathrm{VR}} = 0$，响应幅值增益 Q 是高频信号幅值 F 的减函数。

　　图 4.14 给出了过阻尼单稳系统响应幅值增益的解析解与数值解。图 4.14 (a) 的三维图形显示了 Q 与 F 和 α 之间的函数关系。随着阶数 α 的增大，Q 与 F 之间由单调关系变成非单调关系。在图 4.14(b) 和图 4.14(c) 中，参数不满足条件式 (4.31)，Q-F 曲线不呈现共振关系。在图 4.14(d) 中，$\alpha = 1.8$，参数满足条件式

(4.31), 共振发生在 $F = F_{\mathrm{VR}}$。这种共振现象是分数阶系统所特有的, 整数阶系统不存在 F 引起的振动共振现象。

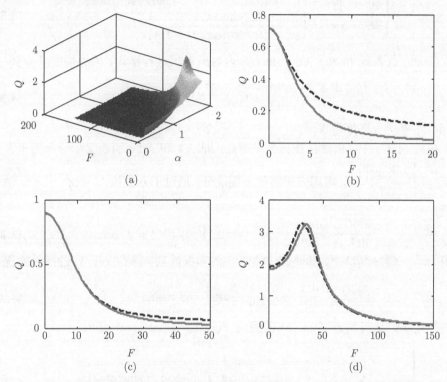

图 4.14　(a) 响应幅值增益 Q 的解析解与 F 和 α 的关系, (b)~(d) α 取不同值时响应幅值增益 Q 与参数 F 之间的关系, (b) $\alpha = 0.5$, (c) $\alpha = 1.0$, (d) $\alpha = 1.8$, 其他计算参数为 $f = 0.1$, $\omega = 1$, $\Omega = 10$, $\beta = 1$, $\omega_0^2 = 0.5$, 粗实线为解析解, 虚线为数值解

4.2.2　欠阻尼形式的分数阶 Duffing 系统

根据快慢变量分离法, 将 $x = X + \Psi$ 代入方程 (4.11) 得到

$$\frac{\mathrm{d}^2 X}{\mathrm{d}t^2} + \frac{\mathrm{d}^2 \Psi}{\mathrm{d}t^2} + \delta \frac{\mathrm{d}^\alpha X}{\mathrm{d}t^\alpha} + \delta \frac{\mathrm{d}^\alpha \Psi}{\mathrm{d}t^\alpha} + \omega_0^2 X + \omega_0^2 \Psi + \beta X^3 + 3\beta X^2 \Psi + 3\beta X \Psi^2 + \beta \Psi^3$$
$$= f \cos(\omega t) + F \cos(\Omega t)$$

$$(4.33)$$

在下列线性方程中寻找 Ψ 的近似解

$$\frac{\mathrm{d}^2 \Psi}{\mathrm{d}t^2} + \delta \frac{\mathrm{d}^\alpha \Psi}{\mathrm{d}t^\alpha} + \omega_0^2 \Psi = F \cos(\Omega t) \tag{4.34}$$

令 Ψ 解的形式为

$$\Psi = \frac{F}{\mu} \cos(\Omega t - \Theta) \tag{4.35}$$

利用待定系数法解得

$$
\begin{cases}
\mu^2 = \left[\omega_0^2 + \delta\Omega^\alpha\cos(\alpha\pi/2) - \Omega^2\right]^2 + \left[\delta\Omega^\alpha\sin(\alpha\pi/2)\right]^2 \\
\Theta = \arctan\left[\dfrac{\delta\Omega^\alpha\sin(\alpha\pi/2)}{\omega_0^2 + \delta\Omega^\alpha\cos(\alpha\pi/2) - \Omega^2}\right]
\end{cases}
\tag{4.36}
$$

将式 (4.35) 代入式 (4.33)，在 $[0, 2\pi/\Omega]$ 内对所有项进行平均，消去快变量得到

$$
\frac{\mathrm{d}^2 X}{\mathrm{d}t^2} + \delta\frac{\mathrm{d}^\alpha X}{\mathrm{d}t^\alpha} + C_1 X + \beta X^3 = f\cos(\omega t)
\tag{4.37}
$$

式中，$C_1 = \omega_0^2 + 3\beta F^2/(2\mu^2)$。

在式 (4.37) 中，仍然存在三个平衡点，即 X_0^* 和 $X_\pm^*$，引起叉形分岔的平衡点为 $F_c = \left[\dfrac{2\mu^2\left|\omega_0^2\right|}{3\beta}\right]^{\frac{1}{2}}$，考虑方程解的周期成分，通过引入变换 $Y = X - X^*$，消去常量

$$
\frac{\mathrm{d}^2 Y}{\mathrm{d}t^2} + \delta\frac{\mathrm{d}^\alpha Y}{\mathrm{d}t^\alpha} + \omega_r^2 Y + 3\beta X^* Y^2 + \beta Y^3 = f\cos(\omega t)
\tag{4.38}
$$

式中，$\omega_r^2 = C_1 + 3\beta X^{*2}$。忽略式 (4.38) 中的非线性项，得到关于 Y 的线性方程

$$
\frac{\mathrm{d}^2 Y}{\mathrm{d}t^2} + \delta\frac{\mathrm{d}^\alpha Y}{\mathrm{d}t^\alpha} + \omega_r^2 Y = f\cos(\omega t)
\tag{4.39}
$$

利用待定系数法得到方程 (4.38) 的解为 $Y = A_L\cos(\omega t - \phi)$，其中

$$
\begin{cases}
A_L = \dfrac{f}{\sqrt{\{\omega_r^2 - [\omega^2 - \delta\omega^\alpha\cos(\alpha\pi/2)]\}^2 + [\delta\omega^\alpha\sin(\alpha\pi/2)]^2}} \\
\phi = \arctan\dfrac{\delta\omega^\alpha\sin(\alpha\pi/2)}{\omega_r^2 - [\omega^2 - \delta\omega^\alpha\cos(\alpha\pi/2)]}
\end{cases}
\tag{4.40}
$$

因此，响应幅值增益为

$$
Q = \frac{1}{\sqrt{\{\omega_r^2 - [\omega^2 - \delta\omega^\alpha\cos(\alpha\pi/2)]\}^2 + [\delta\omega^\alpha\sin(\alpha\pi/2)]^2}}
\tag{4.41}
$$

1. 双稳势函数的情况

当 $\omega_0^2 < 0$ 时，系统 (4.11) 具有双稳势函数的形状。当 $F < F_c$ 时，慢变量围绕稳定的平衡点 $X_\pm^*$ 运动；当 $F \geqslant F_c$ 时，慢变量围绕稳定平衡点 X_0^* 运动。在式 (4.41) 中，把 F 做为控制参数，发生共振的临界点 F_{VR} 应该满足方程 $\omega_r^2 = \omega^2 - \delta\omega^\alpha\cos(\alpha\pi/2)$ 或者 $F_{VR} = F_c$。分以下三种情况进行讨论。

情况 1

当参数满足

$$
\delta\omega^\alpha\cos(\alpha\pi/2) < \omega^2 < \delta\omega^\alpha\cos(\alpha\pi/2) - 2\omega_0^2
\tag{4.42}
$$

得到

$$F_{\mathrm{VR}}^{(1)} = \left[\frac{\mu^2}{3\beta} \left(\delta\omega^\alpha \cos\frac{\alpha\pi}{2} - \omega^2 - 2\omega_0^2 \right) \right]^{\frac{1}{2}} < F_{\mathrm{c}} \tag{4.43}$$

和

$$F_{\mathrm{VR}}^{(2)} = \left[\frac{2\mu^2}{3\beta} \left(\omega^2 - \omega_0^2 - \delta\omega^\alpha \cos\frac{\alpha\pi}{2} \right) \right]^{\frac{1}{2}} > F_{\mathrm{c}} \tag{4.44}$$

情况 2

当参数满足

$$\omega^2 \geqslant \delta\omega^\alpha \cos(\alpha\pi/2) - 2\omega_0^2 \tag{4.45}$$

仅存在一个点 F_{VR} 能够引起振动共振，即式 (4.44) 中的 $F_{\mathrm{VR}}^{(2)}$。

情况 3

当参数满足

$$0 < \omega^2 \leqslant \delta\omega^\alpha \cos(\alpha\pi/2) \tag{4.46}$$

得到发生共振的临界点为

$$F_{\mathrm{VR}} = F_{\mathrm{c}} \tag{4.47}$$

对情况 1，Q-F 曲线存在双峰振动共振；对情况 2 和情况 3，Q-F 曲线存在单峰振动共振。对情况 1 和情况 2，响应幅值增益的峰值为

$$Q_{\max}^{(1)} = 1/|\delta\omega^\alpha \sin(\alpha\pi/2)| \tag{4.48}$$

对情况 3，响应幅值增益的峰值为

$$Q_{\max}^{(2)} = 1 \Big/ \sqrt{[\omega^2 - \delta\omega^\alpha \cos(\alpha\pi/2)]^2 + [\delta\omega^\alpha \sin(\alpha\pi/2)]^2} \tag{4.49}$$

采用数值仿真对以上的解析结果进行验证，根据 1.3.1 小节的数值算法，得到系统 (4.11) 离散计算的公式为

$$\begin{aligned}
x_k &= -\sum_{j=1}^{k-1} w_j^{(\alpha_1)} x_{k-j} + h^{\alpha_1} y_{k-1} \\
y_k &= -\sum_{j=1}^{k-1} w_j^{(\alpha_2)} y_{k-j} + h^{\alpha_2} \left(-\delta y_{k-1} - \omega_0^2 x_{k-1} - \beta x_{k-1}^3 + f_{k-1} + F_{k-1} \right)
\end{aligned} \tag{4.50}$$

式中，$\alpha_1 = \alpha$，$\alpha_2 = 2 - \alpha$。

　　在图 4.15 (a) 中，给出了响应幅值增益 Q 与控制参数 F 与阶数 α 之间的关系。随着阶数 α 的变化，Q-F 曲线的峰值形状呈现出由单峰到双峰再到单峰的变化。在图 4.15(b) 中，$\alpha = 0.45$，式 (4.46) 中的条件满足，在分岔点 $F = F_{\mathrm{c}}$ 处 Q 达到最

大值 $Q_{\max}^{(2)}$。在图 4.15(c) 中，$\alpha = 1.0$，式 (4.42) 满足，Q-F 曲线发生双峰共振。在图 4.15(d) 中，式 (4.45) 满足，响应幅值增益 Q 在 F_c 处达到局部最小值，在 $F_{\mathrm{VR}}^{(2)}$ 处达到峰值。在 $[0, F_c]$ 范围内，Q 随着 F 的增大而减小；在 $[F_c, F_{\mathrm{VR}}^{(2)}]$ 范围内，Q 随着 F 的增大而增大；当 F 大于 $F_{\mathrm{VR}}^{(2)}$ 时，Q 随着 F 的增大而减小。

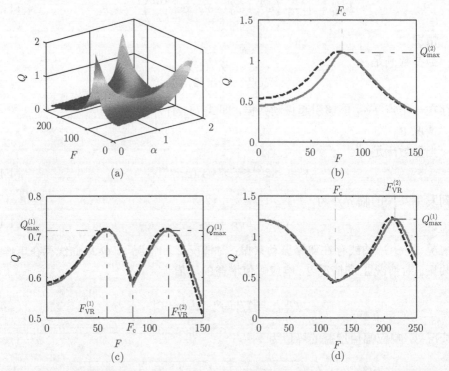

图 4.15　(a) 响应幅值增益 Q 的解析解与 F 和 α 的关系，(b)~(d) α 取不同值时响应幅值增益 Q 与参数 F 之间的关系，(b) $\alpha = 0.45$，(c) $\alpha = 1.0$，(d) $\alpha = 1.6$，其他计算参数为 $f = 0.1$，$\omega = 1$，$\varOmega = 10$，$\delta = 1.4$，$\beta = 1$，$\omega_0^2 = -1$，粗实线为解析解，虚线为数值解

2. 单稳势函数的情况

当满足条件 $\omega_0^2 > 0$ 时，方程 (4.11) 中的势函数是单稳势函数。对于这种情况，式 (4.37) 中总有 $C_1 > 0$，等效势函数总有 $X^* = 0$。当参数满足

$$\omega^2 > \omega_0^2 + \delta\omega^\alpha \cos(\alpha\pi/2) \tag{4.51}$$

单峰共振发生在

$$F_{\mathrm{VR}} = \left[\frac{2\mu^2}{3\beta}\left(\omega^2 - \omega_0^2 - \delta\omega^\alpha \cos\frac{\alpha\pi}{2}\right)\right]^{\frac{1}{2}} \tag{4.52}$$

对于不满足式 (4.51) 的其他情况，Q-F 曲线不呈现共振形状，Q 是 F 的减函数。

图 4.16 给出了响应幅值增益的解析解与数值解。在图 4.16(a) 中，随着 α 的增大，响应幅值增益 Q 与 F 之间由单调递减关系变为非单调关系。在图 4.16(b) 和图 4.16(c) 中，参数不满足式 (4.52)，因此没有共振现象发生。在图 4.16(d) 中，$\alpha = 1.5$，参数满足式 (4.52)，在 $F = F_{\mathrm{VR}}$ 时发生共振。

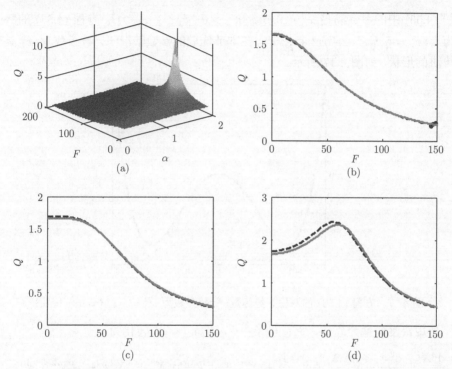

图 4.16　(a) 响应幅值增益 Q 的解析解与 F 和 α 的关系，(b)~(d) α 取不同值时响应幅值增益 Q 与参数 F 之间的关系，(b) $\alpha = 0.5$, (c) $\alpha = 1.0$, (d) $\alpha = 1.5$，其他计算参数为 $f = 0.1$, $\omega = 1$, $\Omega = 10$, $\delta = 0.6$, $\beta = 1$, $\omega_0^2 = 1$，粗实线为解析解，虚线为数值解

本小节研究的是含有分数阶阻尼且具有硬弹簧特性 Duffing 系统的叉形分岔与振动共振现象。除此之外，含有分数阶阻尼且具有软弹簧特性 Duffing 系统的模型也具有广泛的工程背景，其动力学特性也值得进行深入研究。

4.3　分数阶五次方非线性系统的叉形分岔与振动共振

本节介绍含分数阶阻尼的五次方振子系统中的叉形分岔及振动共振现象，介绍高频激励信号对系统的叉形分岔以及振动共振现象的影响规律。

4.3.1　叉形分岔

研究模型为受双频信号激励的一类含分数阶阻尼的五次方振子系统

$$\frac{\mathrm{d}^2 x}{\mathrm{d}t^2} + \delta \frac{\mathrm{d}^\alpha x}{\mathrm{d}t^\alpha} + \omega_0^2 x + \beta x^3 + \gamma x^5 = f\cos(\omega t) + F\cos(\Omega t) \tag{4.53}$$

方程 (4.53) 中的参数满足 $\omega_0^2 < 0, \beta > 0, \gamma > 0$，$f \ll 1, \omega \ll \Omega$。方程 (4.53) 的势函数为 $V(x) = \frac{1}{2}\omega_0^2 x^2 + \frac{1}{4}\beta x^4 + \frac{1}{6}\gamma x^6$，在本节选取的参数情况下，势函数 $V(x)$ 具有双势阱的形状，如图 4.17 所示。

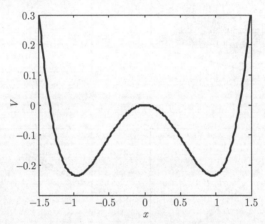

图 4.17　方程 (4.53) 的双稳态势函数，计算参数为 $\omega_0^2 = -1, \beta = 1, \gamma = 0.1$

使用快慢变量分离法，令 $x = X + \Psi$，方程 (4.53) 转化为

$$\frac{\mathrm{d}^2 X}{\mathrm{d}t^2} + \frac{\mathrm{d}^2 \Psi}{\mathrm{d}t^2} + \delta \frac{\mathrm{d}^\alpha X}{\mathrm{d}t^\alpha} + \delta \frac{\mathrm{d}^\alpha \Psi}{\mathrm{d}t^\alpha} + \omega_0^2 X + \omega_0^2 \Psi + \beta(X^3 + 3X^2\Psi + 3X\Psi^2 + \Psi^3)$$

$$+ \gamma(X^5 + 5X^4\Psi + 10X^3\Psi^2 + 10X^2\Psi^3 + 5X\Psi^4 + \Psi^5) = f\cos(\omega t) + F\cos(\Omega t) \tag{4.54}$$

忽略所有的非线性项，得到关于 Ψ 的线性方程为

$$\frac{\mathrm{d}^2 \Psi}{\mathrm{d}t^2} + \delta \frac{\mathrm{d}^\alpha \Psi}{\mathrm{d}t^\alpha} + \omega_0^2 \Psi = F\cos(\Omega t) \tag{4.55}$$

解方程 (4.55) 得到

$$\Psi = \frac{F}{\mu} \cos(\Omega t - \theta) \tag{4.56}$$

式中，

$$\begin{cases} \mu^2 = \left(\omega_0^2 + \delta\Omega^\alpha \cos\frac{\alpha\pi}{2} - \Omega^2\right)^2 + \left(\delta\Omega^\alpha \sin\frac{\alpha\pi}{2}\right)^2 \\ \theta = \arctan\dfrac{\delta\Omega^\alpha \sin\dfrac{\alpha\pi}{2}}{\omega_0^2 + \delta\Omega^\alpha \cos\dfrac{\alpha\pi}{2} - \Omega^2} \end{cases} \tag{4.57}$$

将 Ψ 的解代入方程 (4.54),并在 $[0, 2\pi/\Omega]$ 内对所有的项进行积分,得到

$$\frac{\mathrm{d}^2 X}{\mathrm{d}t^2} + \delta\frac{\mathrm{d}^\alpha X}{\mathrm{d}t^\alpha} + C_1 X + C_2 X^3 + \gamma X^5 = f\cos(\omega t) \tag{4.58}$$

式中,$C_1 = \omega_0^2 + \dfrac{3\beta F^2}{2\mu^2} + \dfrac{15\gamma F^4}{8\mu^4}$, $C_2 = \beta + \dfrac{5\gamma F^2}{\mu^2}$。方程 (4.58) 的有效势函数为 $V_{\text{eff}} = \dfrac{1}{2}C_1 x^2 + \dfrac{1}{4}C_2 x^4 + \dfrac{1}{6}\gamma x^6$,显然有效势函数受到高频信号及阻尼阶数的影响。

图 4.18 给出了几种不同情形下有效势函数的形状。在图 4.18 (a) 中,随着 F 的增大,有效势函数由双稳形状变为单稳形状;在图 4.18 (b) 中,随着 Ω 的增大,有效势函数由单稳形状变为双稳形状;在图 4.18 (c) 中,随着 α 的增大,有效势函数由单稳形状变为双稳形状。

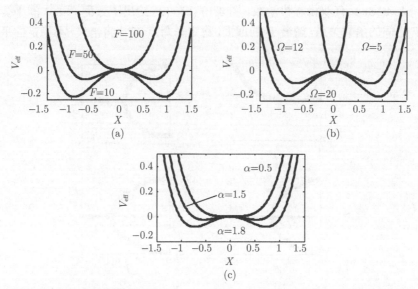

图 4.18 方程 (4.58) 的有效势函数 V_{eff},(a) 参数 F 不同引起有效势函数形状的变化,$\alpha = 0.5$, $\Omega = 10$, (b) 参数 Ω 不同引起有效势函数形状的变化,$\alpha = 1.5$, $F = 80$; (c) 参数 α 不同引起有效势函数形状的变化,$F = 80$, $\Omega = 10$,计算参数为 $\omega_0^2 = -1$, $\delta = 1$, $\beta = 1$, $\gamma = 0.1$

方程 (4.58) 可能存在的平衡点为

$$X_0^* = 0, \quad X_{1,2}^* = \pm\left[\frac{-C_2 + \sqrt{C_2 - 4\gamma C_1}}{2\gamma}\right]^{\frac{1}{2}} \tag{4.59}$$

当 $C_1 < 0$ 时,方程 (4.58) 存在稳定的平衡点 $X_{1,2}^*$ 和不稳定的平衡点 X_0^*;当 $C_1 \geqslant 0$ 时,方程 (4.58) 只存在稳定的平衡点 X_0^*。若以 Ω 或 α 为控制参数,难以得到使

平衡点个数发生变化的临界值 Ω_c 或 α_c 的解析解，但可以根据 $C_1 = 0$ 得到其数值解。若以 F 为自变量，解 $C_1 = 0$ 得到使平衡点个数发生变化的临界值为

$$F_c = \left[\frac{-12\beta\mu^2 + \sqrt{(12\beta\mu^2)^2 - 480\gamma\omega_0^2\mu^2}}{30\gamma} \right]^{\frac{1}{2}} \tag{4.60}$$

当 $0 \leqslant F < F_c$ 时，方程 (4.58) 存在稳定的平衡点 $X_{1,2}^*$ 和不稳定的平衡点 X_0^*。当 $F \geqslant F_c$ 时，方程 (4.58) 只存在稳定的平衡点 X_0^*。

　　图 4.19 给出了方程 (4.58) 的稳态平衡点与参数 F 及 α 之间的关系。图 4.19 (a) 中的曲线给出了分岔点 F_c 与分数阶阻尼的阶数 α 之间的函数关系，图 4.19 (a) 表明当 $\alpha < 1$ 时，F_c 的值无明显变化；当 $\alpha > 1$ 时，随着 α 的增大，F_c 的值也增大。在曲线的上方区域，方程 (4.58) 具有单稳态势函数，在曲线的下方区域，方程 (4.58) 具有双稳态势函数。图 4.19 (b)~(d) 给出了方程 (4.58) 的平衡点与参数 F 之间的函数关系，随着 F 的增大，稳定平衡点 $X_{1,2}^*$ 将消失，不稳定的平衡点

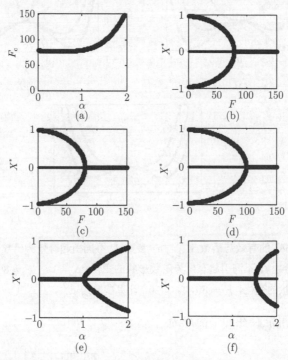

图 4.19　(a) 分岔点 F_c 与 α 之间的关系，(b)~(d) 参数 F 变化引起的亚临界叉形分岔，(e) 和 (f) 参数 α 变化引起的超临界叉形分岔，(b) $\alpha = 0.5$，(c) $\alpha = 1.0$，(d) $\alpha = 1.5$，(e) $F = 80$，(f) $F = 100$，其他计算参数为 $\omega_0^2 = -1$，$\delta = 1$，$\beta = 1$，$\gamma = 0.1$，$\Omega = 10$，粗实线为稳定平衡点，细实线为不稳定平衡点

X_0^* 转化为稳定的平衡点，发生亚临界叉形分岔。图 4.19 (e) 和 (f) 给出了方程 (4.58) 的平衡点与参数 α 之间的函数关系，随着 α 的增大，稳定的平衡点 X_0^* 将转化为不稳定的平衡点，并出现稳定的平衡点 $X_{1,2}^*$，发生超临界叉形分岔。可见，在五次方振子系统中参数 F 和 α 引起的是不同的叉形分岔行为。

直接数值模拟方程 (4.53) 的相图可以验证图 4.19 中结论的正确性。一般而言，相图给出的是在位移–速度平面上系统响应的轨线。在 α 取值不同的情况下，图 4.20 给出了参数 F 变化引起相图上稳态平衡点的变化情况。图 4.20 表明，对于相同的 α 取值，F 取值的不同可导致相图上稳态平衡点的不同。经过计算可知，在图 4.20(a)、(b)、(d)、(e)、(g)、(h) 中，满足 $F < F_c$，系统在相图上存在两个稳定的平衡点 $X_{1,2}^*$。在图 4.20(c)、(f)、(i) 中，满足 $F > F_c$，系统在相图上只存在一个稳定的平衡点 X_0^*。参数 F 引起的亚临界叉形分岔在图 4.20 中得到了验证。

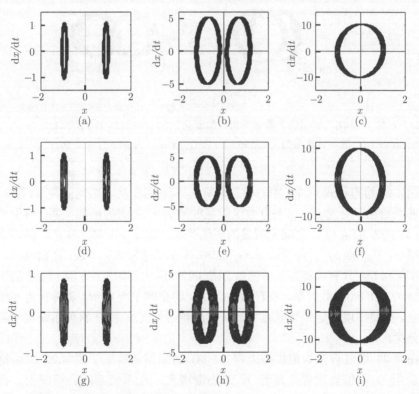

图 4.20 参数 F 变化引起相图上稳态平衡点的变化，(a) $\alpha = 0.5$，$F = 10$，(b) $\alpha = 0.5$，$F = 50$，(c) $\alpha = 0.5$，$F = 100$，(d) $\alpha = 1.0$，$F = 10$，(e) $\alpha = 1.0$，$F = 50$，(f) $\alpha = 1.0$，$F = 100$，(g) $\alpha = 1.6$，$F = 10$，(h) $\alpha = 1.6$，$F = 50$，(i) $\alpha = 1.6$，$F = 150$，其他计算参数为 $\omega_0^2 = -1$，$\delta = 1$，$\beta = 1$，$\gamma = 0.1$，$f = 0.1$，$\omega = 0.8$，$\Omega = 10$

　　图 4.21 给出了分数阶阻尼阶数 α 的变化引起系统相图变化的情况。在图 4.21(a)、(b) 中，参数取值满足 $C_1 < 0$，在相图上系统存在两个稳定的平衡点 $X_{1,2}^*$。在图 4.21(c)、(d) 中，参数的取值满足 $C_1 > 0$，系统在相图上存在一个稳定的平衡点 X_0^*。分数阶阻尼阶数的取值变化所引起的超临界叉形分岔现象在图 4.21 中得到了验证。

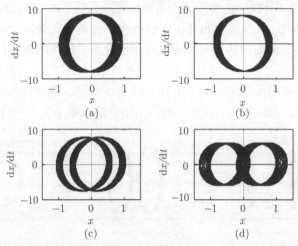

图 4.21　参数 α 变化引起相图上稳态平衡点的变化，(a) $\alpha = 0.5$，(b) $\alpha = 1.0$，(c) $\alpha = 1.2$，(d) $\alpha = 1.6$，其他计算参数为 $\omega_0^2 = -1$，$\delta = 1$，$\beta = 1$，$\gamma = 0.1$，$f = 0.1$，$\omega = 0.8$，

$$\Omega = 10, \ F = 80$$

　　图 4.22 给出了式 (4.59) 中的稳态平衡点与参数 Ω 及 α 之间的关系。图 4.22(a) 中的曲线给出了分岔点 Ω_c 与分数阶阻尼的阶数 α 之间的函数关系，该图表明当 $\alpha < 1$ 时，Ω_c 的值与 α 之间无明显的变化关系；当 $\alpha > 1$ 时，随着 α 的增大，Ω_c 的值减小。在曲线的上方区域，方程 (4.58) 具有双稳态的势函数，在曲线的下方区域，方程 (4.58) 具有单稳态的势函数。图 4.22(b)~(d) 给出了方程 (4.58) 的平衡点与参数 Ω 之间的函数关系，随着 Ω 的增大，稳定的平衡点 X_0^* 将转化为不稳定的平衡点，并将出现稳定的平衡点 $X_{1,2}^*$，即高频信号的频率 Ω 将使系统发生超临界叉形分岔。

　　图 4.23 通过直接数值模拟方程 (4.53) 的相图，验证了图 4.22 中结论的正确性。当 α 取值相同时，随着 Ω 的逐渐增大，在系统响应的相图上，稳态的平衡点将由 X_0^* 变为 $X_{1,2}^*$，也可以经过计算 C_1 的值得到这一结论，在图 4.23 (a)、(d)、(g) 中，满足 $C_1 > 0$，系统在相图上只存在一个稳定的平衡点 X_0^*。在图 4.23(b)、(c)、(e)、(f)、(h)、(i) 中，满足 $C_1 < 0$，系统在相图上存在两个稳定的平衡点 $X_{1,2}^*$。参数 Ω 引起的超临界叉形分岔在图 4.23 中得到了验证。

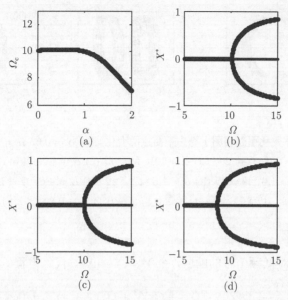

图 4.22 (a) 分岔点 Ω_c 与 α 之间的关系, (b)~(d) 参数 Ω 变化引起超临界叉形分岔, (b) $\alpha = 0.6$, (c) $\alpha = 1.0$, (d) $\alpha = 1.6$, 其他计算参数为 $\omega_0^2 = -1$, $\delta = 1$, $\beta = 1$, $\gamma = 0.1$, $F = 80$, 图中粗实线为稳定平衡点, 细实线为不稳定平衡点

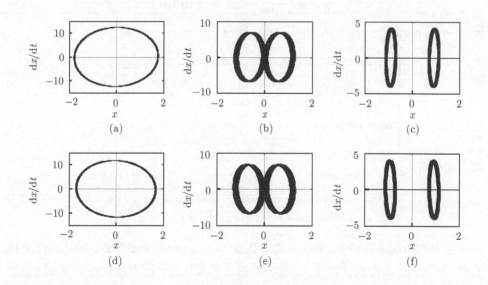

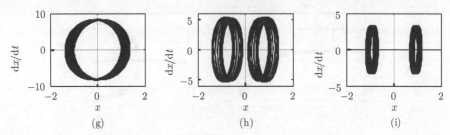

图 4.23　参数 Ω 变化引起相图上稳态平衡点的变化, (a) $\alpha = 0.6$, $\Omega = 7$, (b) $\alpha = 0.6$, $\Omega = 12$, (c) $\alpha = 0.6$, $\Omega = 20$, (d) $\alpha = 1.0$, $\Omega = 7$, (e) $\alpha = 1.0$, $\Omega = 12$, (f) $\alpha = 1.0$, $\Omega = 20$, (g) $\alpha = 1.6$, $\Omega = 7$, (h) $\alpha = 1.6$, $\Omega = 12$, (i) $\alpha = 1.6$, $\Omega = 20$, 其他计算参数为 $\omega_0^2 = -1$, $\delta = 1$, $\beta = 1$, $\gamma = 0.1$, $f = 0.1$, $\omega = 0.8$, $\Omega = 10$, $F = 80$

4.3.2　振动共振

为计算系统对低频信号的响应, 令 $Y = X - X^*$, 代入方程 (4.58) 得

$$\frac{\mathrm{d}^2 Y}{\mathrm{d}t^2} + \delta \frac{\mathrm{d}^\alpha Y}{\mathrm{d}t^\alpha} + C_3 Y + C_4 Y^2 + C_5 Y^3 + C_6 Y^4 + \gamma Y^5 = f\cos(\omega t) \tag{4.61}$$

式中, $C_3 = C_1 + 3C_2 X^{*2} + 5\gamma X^{*4}$, $C_4 = 3C_2 X^* + 10\gamma X^{*3}$, $C_5 = C_2 + 10\gamma X^{*2}$, $C_6 = 5\gamma X^*$。在相应的线性方程中寻找 Y 的近似解

$$\frac{\mathrm{d}^2 Y}{\mathrm{d}t^2} + \delta \frac{\mathrm{d}^\alpha Y}{\mathrm{d}t^\alpha} + C_3 Y = f\cos(\omega t) \tag{4.62}$$

设 $Y = A_{\mathrm{L}}\cos(\omega t - \varphi)$, 代入方程 (4.62) 解得

$$\begin{cases} A_{\mathrm{L}} = \dfrac{f}{\sqrt{\left(\delta\omega^\alpha\cos\dfrac{\alpha\pi}{2} + C_3 - \omega^2\right)^2 + \left(\delta\omega^\alpha\sin\dfrac{\alpha\pi}{2}\right)^2}} \\[6mm] \varphi = \arctan\dfrac{\delta\omega^\alpha\sin\dfrac{\alpha\pi}{2}}{\delta\omega^\alpha\cos\dfrac{\alpha\pi}{2} + C_3 - \omega^2} \end{cases} \tag{4.63}$$

响应幅值增益为

$$Q = \frac{1}{\sqrt{\left(\delta\omega^\alpha\cos\dfrac{\alpha\pi}{2} + C_3 - \omega^2\right)^2 + \left(\delta\omega^\alpha\sin\dfrac{\alpha\pi}{2}\right)^2}} \tag{4.64}$$

在本节的理论分析中, 假设只存在周期为 $2\pi/\omega$ 的慢变量和周期为 $2\pi/\Omega$ 的快变量, 而忽略了其他高次谐波, 这是因为相比于基频成分而言其他高次谐波的幅值非常小。在图 4.24 中, 对于不同的 α 取值, 数值模拟发现系统响应幅值只集中在低频信号的频率 ω 和高频信号的频率 Ω 处, 在其他频率处的响应幅值几乎为零, 这就验证了前述假设的正确性。

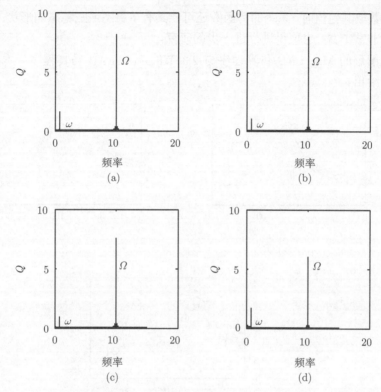

图 4.24 对应于不同 α 取值, 系统响应幅值 Q 在不同频率处的分布, (a) $\alpha = 0.5$,
(b) $\alpha = 1.0$, (c) $\alpha = 1.2$, (d) $\alpha = 1.6$, 其他计算参数为 $\omega_0^2 = -1$, $\delta = 1$, $\beta = 1$,
$\gamma = 0.1$, $f = 0.1$, $\omega = 0.8$, $\Omega = 10$, $F = 80$

为了进一步验证本节理论分析的可行性, 在 α 取值不同时, 图 4.25 给出了振动共振曲线的两种不同模式。在图 4.25(a) 中, 自变量 F 的变化不会引起叉形分岔, 方程 (4.61) 中所隐含的 X^* 不会发生变化, 此时系统只会出现一个峰值, 与峰值对应的 F 值可以直接通过求解 $\dfrac{\mathrm{d}Q}{\mathrm{d}F} = 0$ 得到。在图 4.25(b) 和图 4.25(c) 中, 自变量 F 的变化会引起亚临界叉形分岔, 因此当 $F < F_c$ 时, 需要代入 X_0^* 求解方程 (4.61)。当 $F \geqslant F_c$ 时, 需要代入 $X_{1,2}^*$ 求解方程 (4.61)。叉形分岔的发生导致图 4.25(b) 和图 4.25(c) 中的响应幅值曲线都会出现两个峰值, 且这两个峰值的大小完全相等, 通过求解方程 (4.64) 的极大值得到这两个峰值的大小为 $Q_{\max}^1 = Q_{\max}^2 = \dfrac{1}{\delta\omega^\alpha \sin\dfrac{\alpha\pi}{2}}$。

分岔点 $F = F_c$ 是响应幅值曲线的一个转折点, 在该点处响应幅值取得极小值。图 4.25 通过解析计算结果和数值计算结果的对比, 发现这两种计算结果之间的误差非常小, 可以忽略不计, 这就进一步证明了本节解析分析的正确性。

本节研究的是具有双稳形状势函数的五次方振子系统的叉形分岔与振动共振,

当系统参数取其他值时，系统的势函数还可能具有单稳态或三稳态的形状，其动力学现象也非常丰富，也值得进行进一步的研究。

　　本章图形的 MATLAB 仿真程序与 2.3 节的 MATLAB 仿真程序无本质区别，本章不再给出。

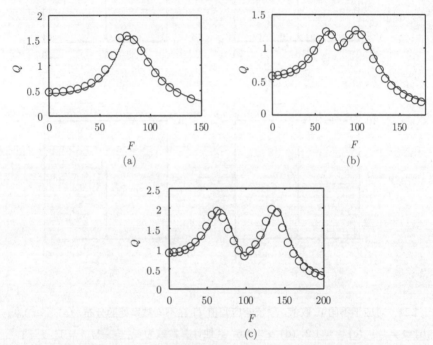

图 4.25　对应于不同 α 取值，系统响应幅值与控制参数 F 之间的关系，(a) $\alpha = 0.5$，(b) $\alpha = 1.0$，(c) $\alpha = 1.5$，其他计算参数为 $\omega_0^2 = -1$，$\delta = 1$，$\beta = 1$，$\gamma = 0.1$，$f = 0.1$，$\omega = 0.8$，$\Omega = 10$，图中曲线为解析解，圆圈为数值解

参 考 文 献

[1] Wiesenfeld K, Moss F. Stochastic resonance and the benefits of noise: from ice ages to crayfish and SQUIDs. Nature, 1995, 373(6509): 33-36.

[2] Gammaitoni L, Hänggi P, Jung P, et al. Stochastic resonance. Reviews of Modern Physics, 1998, 70(1): 223-287.

[3] Pikovsky A S, Kurths J. Coherence resonance in a noise-driven excitable system. Physical Review Letters, 1997, 78(5): 775-778.

[4] Lee S G, Neiman A, Kim S. Coherence resonance in a Hodgkin-Huxley neuron. Physical Review E, 1998, 57(3): 3292-3297.

[5] Giacomelli G, Giudici M, Balle S, et al. Experimental evidence of coherence resonance

in an optical system. Physical Review Letters, 2000, 84(15): 3298-3301.

[6] Landa P S, McClintock P V E. Vibrational resonance. Journal of Physics A: Mathematical and General, 2000, 33(45): L433-L438.

[7] 胡海岩. 应用非线性动力学. 北京：航空工业出版社, 2000.

[8] Yang J H, Sanjuán M A F, Liu H G. Vibrational subharmonic and superharmonic resonances. Communications in Nonlinear Science and Numerical Simulation, 2016, 30(1): 362-372.

[9] Gitterman M. Bistable oscillator driven by two periodic fields. Journal of Physics A: General Physics, 2001, 34(24): L355-L357.

[10] Blekhman I I, Landa P S. Conjugate resonances and bifurcations in nonlinear systems under biharmonical excitation. International Journal of Non-Linear Mechanics, 2004, 39(3): 421-426.

[11] Jeyakumari S, Chinnathambi V, Rajasekar S, et al. Single and multiple vibrational resonance in a quintic oscillator with monostable potentials. Physical Review E, 2009, 80(4): 046608.

[12] Yang J H, Zhu H. Vibrational resonance in Duffing systems with fractional-order damping. Chaos, 2012, 22(1): 013112.

[13] Rajasekar S, Jeyakumari S, Chinnathambi V, et al. Role of depth and location of minima of a double-well potential on vibrational resonance. Journal of Physics A: Mathematical and Theoretical, 2010, 43(46): 465101.

[14] Rajasekar S, Abirami K, Sanjuán M A F. Novel vibrational resonance in multistable systems. Chaos, 2011, 21(3): 033106.

[15] Baltanás J P, López L, Blechman I I, et al. Experimental evidence, numerics, and theory of vibrational resonance in bistable systems. Physical Review E, 2003, 67(6): 066119.

[16] Chizhevsky V N, Smeu E, Giacomelli G. Experimental evidence of "Vibrational Resonance" in an optical system. Physical Review Letters, 2003, 91(22): 220602.

[17] Jeevarathinam C, Rajasekar S, Sanjuán M A F. Theory and numerics of vibrational resonance in Duffing oscillators with time-delayed feedback. Physical Review E, 2011, 83(6): 066205.

[18] Yang J H, Liu X B. Delay induces quasi-periodic vibrational resonance. Journal of Physics A: Mathematical and Theoretical, 2010, 43(12): 122001.

[19] Yang J H, Liu X B. Controlling vibrational resonance in a multistable system by time delay. Chaos, 2010, 20(3): 033124.

[20] Yang J H, Liu X B. Controlling vibrational resonance in a delayed multistable system driven by an amplitude-modulated signal. Physica Scripta, 2010, 82(2): 025006.

[21] Deng B, Wang J, Wei X. Effect of chemical synapse on vibrational resonance in coupled neurons. Chaos, 2009, 19(1): 013117.

[22] Hu D, Yang J, Liu X. Delay-induced vibrational multiresonance in FitzHugh–Nagumo system. Communications in Nonlinear Science and Numerical Simulation, 2012, 17(2): 1031-1035.

[23] Daza A, Wagemakers A, Rajasekar S, et al. Vibrational resonance in a time-delayed genetic toggle switch. Communications in Nonlinear Science and Numerical Simulation, 2013, 18(2): 411-416.

[24] Deng B, Wang J, Wei X, et al. Vibrational resonance in neuron populations. Chaos, 2010, 20(1): 013113.

[25] Qin Y, Wang J, Men C, et al. Vibrational resonance in feedforward network. Chaos, 2011, 21(2): 023133.

[26] 邓斌, 于海涛, 王江. 神经系统共振分析. 北京: 科学出版社, 2015.

[27] Yang J H, Zhu H. Bifurcation and resonance induced by fractional-order damping and time delay feedback in a Duffing system. Communications in Nonlinear Science and Numerical Simulation, 2013, 18(5): 1316-1326.

[28] 杨建华, 刘后广, 程刚. 一类五次方振子系统的叉形分岔及振动共振研究. 物理学报, 2013, 62(18):180503.

[29] Yang J H, Sanjuán M A F, Xiang W, et al. Pitchfork bifurcation and vibrational resonance in a fractional-order Duffing oscillator. Pramana, 2013, 81(6): 943-957.

[30] Yang J H, Sanjuán M A F, Tian F, et al. Saddle-node bifurcation and vibrational resonance in a fractional system with an asymmetric bistable potential. International Journal of Bifurcation and Chaos, 2015, 25(02): 1550023.

[31] Yang J H, Sanjuán M A F, Liu H G, et al. Bifurcation transition and nonlinear response in a fractional-order system. Journal of Computational and Nonlinear Dynamics, 2015, 10(6): 061017.

[32] Yang J H, Sanjuán M A F, Liu H G. Bifurcation and resonance in a fractional Mathieu-Duffing oscillator. The European Physical Journal B, 2015, 88(11): 1-8.

[33] Thomsen J J. Vibrations and Stability: Advanced Theory, Analysis, and Tools. Berlin Heidelberg: Springer-Verlag , 2003.

[34] Blekhman I I. Vibrational Mechanics: Nonlinear Dynamic Effects, General Approach, Applications. Singapore: World Scientific, 2000.

[35] Thomsen J J. Using fast vibrations to quench friction-induced oscillations. Journal of Sound and Vibration, 1999, 228(5): 1079-1102.

[36] Borromeo M, Marchesoni F. Vibrational ratchets. Physical Review E, 2006, 73(1): 016142.

[37] Tcherniak D. The influence of fast excitation on a continuous system. Journal of Sound and Vibration, 1999, 227(2): 343-360.

[38] Hansen M H. Effect of high-frequency excitation on natural frequencies of spinning discs. Journal of Sound and Vibration, 2000, 234(4): 577-589.

[39] Jensen J S. Fluid transport due to nonlinear fluid–structure interaction. Journal of Fluids and Structures, 1997, 11(3): 327-344.

[40] Yao C, Zhan M. Signal transmission by vibrational resonance in one-way coupled bistable systems. Physical Review E, 2010, 81(6): 061129.

[41] Jeevarathinam C, Rajasekar S, Sanjuán M A F. Effect of multiple time-delay on vibrational resonance. Chaos, 2013, 23(1): 013136.

[42] Borromeo M, Marchesoni F. Artificial sieves for quasimassless particles. Physical Review Letters, 2007, 99(15): 150605.

[43] Borromeo M, Marchesoni F. Mobility oscillations in high-frequency modulated devices. Europhysics Letters, 2005, 72(3): 362-368.

[44] 刘秉正, 彭建华. 非线性动力学. 北京: 高等教育出版社, 2004.

[45] Guckenheimer J, Holmes P. Nonlinear Oscillations, Dynamical Systems, and Bifurcations of Vector Fields. New York: Springer, 2013.

第 5 章 参激分数阶非线性系统的叉形分岔与共振现象

本章研究具有快变参激与慢变外激形式的分数阶 Mathieu-Duffing 振子的动力学行为，并侧重于研究快变参激引起的叉形分岔与共振现象。本章给出一个数值模拟叉形分岔的方法，该方法可以利用响应时间序列找到系统的稳定平衡点。

5.1 分数阶 Mathieu-Duffing 系统

在科学和工程问题中，参数激励在多种模型中广泛存在 [1-6]。参激系统的共振响应是一类重要问题，也是造成工程中一些灾难与事故的重要原因，因此研究参激系统的共振具有重要意义。在很多场合，参数激励以快变量的形式存在 [7-13]。此外，除此类快变参激量外，系统中还可能同时存在慢变形式的激励。虽然慢变激励往往非常微弱，但却有可能是反应系统某类特征的信号。根据振动共振理论，在非线性系统的响应中，快变激励能够增强慢变激励引起的响应。目前研究参激系统的振动共振文献较少，本章主要讨论这一问题。

分数阶 Mathieu-Duffing 系统模型如下

$$\frac{\mathrm{d}^2 x}{\mathrm{d}t^2} + \delta \frac{\mathrm{d}^\alpha x}{\mathrm{d}t^\alpha} + [a + F\cos(\Omega t)]\, x + bx^3 = f\cos(\omega t) \tag{5.1}$$

在方程 (5.1) 中，$\delta > 0$ 是阻尼系数，激励满足 $\omega \ll \Omega$，$f \ll 1$。

使用快慢变量分离法，令 $x = X + \Psi$，X 和 Ψ 分别为周期为 $2\pi/\omega$ 和 $2\pi/\Omega$ 的慢变量和快变量。根据这一变换，方程 (5.1) 变为

$$\frac{\mathrm{d}^2 X}{\mathrm{d}t^2} + \frac{\mathrm{d}^2 \Psi}{\mathrm{d}t^2} + \delta \frac{\mathrm{d}^\alpha X}{\mathrm{d}t^\alpha} + \delta \frac{\mathrm{d}^\alpha \Psi}{\mathrm{d}t^\alpha} + aX + a\Psi + bX^3 + 3bX^2\Psi + 3bX\Psi^2 + b\Psi^3$$

$$= -XF\cos(\Omega t) - \Psi F\cos(\Omega t) + f\cos(\omega t) \tag{5.2}$$

在下列线性方程中寻找 Ψ 的近似解

$$\frac{\mathrm{d}^2 \Psi}{\mathrm{d}t^2} + \delta \frac{\mathrm{d}^\alpha \Psi}{\mathrm{d}t^\alpha} + a\Psi = -XF\cos(\Omega t) \tag{5.3}$$

令方程 (5.3) 的解为 $\Psi = A_{\mathrm{H}} \cos(\Omega t - \theta_H)$，利用待定系数法得到

$$
\begin{cases}
A_{\mathrm{H}} = \dfrac{XF}{\sqrt{\left(a - \Omega^2 + \delta\Omega^\alpha \cos\dfrac{\alpha\pi}{2}\right)^2 + \left(\delta\Omega^\alpha \sin\dfrac{\alpha\pi}{2}\right)^2}} \\[4mm]
\theta_{\mathrm{H}} = \tan^{-1} \dfrac{\delta\Omega^\alpha \sin\dfrac{\alpha\pi}{2}}{a - \Omega^2 + \delta\Omega^\alpha \cos\dfrac{\alpha\pi}{2}}
\end{cases}
\tag{5.4}
$$

将 Ψ 的解代入方程 (5.2) 并在 $[0, 2\pi/\Omega]$ 内积分得到

$$
\frac{\mathrm{d}^2 X}{\mathrm{d}t^2} + \delta\frac{\mathrm{d}^\alpha X}{\mathrm{d}t^\alpha} + \left(a + \frac{F^2 \cos\theta_{\mathrm{H}}}{2\mu}\right)X + b\left(1 + \frac{3F^2}{2\mu^2}\right)X^3 = f\cos(\omega t)
\tag{5.5}
$$

式中，$\mu = \sqrt{\left(a - \Omega^2 + \delta\Omega^\alpha \cos\dfrac{\alpha\pi}{2}\right)^2 + \left(\delta\Omega^\alpha \sin\dfrac{\alpha\pi}{2}\right)^2}$。

在方程 (5.5) 中，快变参激既影响等价系统的线性阻尼，也影响等价系统的非线性阻尼，这是和 4.2 节中快变形式外激励对等效系统作用的不同之处。

(1) 当 $b > 0$ 时，$b\left(1 + \dfrac{3F^2}{2\mu^2}\right) > 0$，如果 $a > 0$，则 $a + \dfrac{F^2 \cos\theta_{\mathrm{H}}}{2\mu} > 0$，因此高频激励以及系统阶数的变化不会引起叉形分岔现象；如果 $a < 0$，$a + \dfrac{F^2 \cos\theta_{\mathrm{H}}}{2\mu}$ 值的正负与 α 有关，α 的变化可能引起叉形分岔现象。如果 $a + \dfrac{F^2 \cos\theta_{\mathrm{H}}}{2\mu} \geqslant 0$，等价系统 (5.5) 仅具有一个稳定的平衡点 $X^* = 0$，否则等价系统 (5.5) 具有一个不稳定的平衡点 $X^* = 0$ 和两个稳定的平衡点 $X^* = \pm\sqrt{-\dfrac{2a\mu^2 + \mu F^2 \cos\theta_{\mathrm{H}}}{b(2\mu^2 + 3F^2)}}$。

(2) 当 $b < 0$ 时，$b\left(1 + \dfrac{3F^2}{2\mu^2}\right) < 0$，满足 $a + \dfrac{F^2 \cos\theta_{\mathrm{H}}}{2\mu} > 0$ 时，等价系统 (5.5) 具有一个稳定的平衡点 $X^* = 0$；满足 $a + \dfrac{F^2 \cos\theta_{\mathrm{H}}}{2\mu} \leqslant 0$ 时，等价系统 (5.5) 不具有稳定的平衡点，系统响应发散。

令 $y = X - X^*$，当 $b > 0$ 时，

$$
X^* = \begin{cases}
0, & a + \dfrac{F^2 \cos\theta_{\mathrm{H}}}{2\mu} \geqslant 0 \\[4mm]
\pm\sqrt{-\dfrac{2a\mu^2 + \mu F^2 \cos\theta_{\mathrm{H}}}{b(2\mu^2 + 3F^2)}}, & a + \dfrac{F^2 \cos\theta_{\mathrm{H}}}{2\mu} < 0
\end{cases}
\tag{5.6}
$$

当 $b < 0$ 时，

$$
X^* = \begin{cases}
0, & a + \dfrac{F^2 \cos\theta_{\mathrm{H}}}{2\mu} > 0 \\[4mm]
\mathrm{null}, & a + \dfrac{F^2 \cos\theta_{\mathrm{H}}}{2\mu} \leqslant 0
\end{cases}
\tag{5.7}
$$

null 表示不存在。根据这一变换，方程 (5.5) 变为

$$\frac{\mathrm{d}^2 y}{\mathrm{d}t^2} + \delta\frac{\mathrm{d}^\alpha y}{\mathrm{d}t^\alpha} + \omega_\mathrm{r} y + 3\beta X^* y^2 + \beta y^3 = f\cos(\omega t) \tag{5.8}$$

式中，$\omega_\mathrm{r} = a + \dfrac{F^2\cos\theta_\mathrm{H}}{2\mu} + 3\beta X^{*2}$，$\beta = b\left(1 + \dfrac{3F^2}{2\mu^2}\right)$。在下列线性方程中寻找 y 的解

$$\frac{\mathrm{d}^2 y}{\mathrm{d}t^2} + \delta\frac{\mathrm{d}^\alpha y}{\mathrm{d}t^\alpha} + \omega_\mathrm{r} y = f\cos(\omega t) \tag{5.9}$$

方程 (5.9) 的解为 $y = A_\mathrm{L}\cos(\omega t - \theta_\mathrm{L})$，利用待定系数法解得

$$\begin{cases} A_\mathrm{L} = \dfrac{f}{\sqrt{\left(\omega_\mathrm{r} - \omega^2 + \delta\omega^\alpha\cos\dfrac{\alpha\pi}{2}\right)^2 + \left(\delta\omega^\alpha\sin\dfrac{\alpha\pi}{2}\right)^2}} \\[6mm] \theta_\mathrm{L} = \arctan\dfrac{\delta\omega^\alpha\sin\dfrac{\alpha\pi}{2}}{\omega_\mathrm{r} - \omega^2 + \delta\omega^\alpha\cos\dfrac{\alpha\pi}{2}} \end{cases} \tag{5.10}$$

系统的响应幅值增益为

$$Q = \frac{1}{\sqrt{\left(\omega_\mathrm{r} - \omega^2 + \delta\omega^\alpha\cos\dfrac{\alpha\pi}{2}\right)^2 + \left(\delta\omega^\alpha\sin\dfrac{\alpha\pi}{2}\right)^2}} \tag{5.11}$$

5.2　叉形分岔

采用数值方法模拟系统的叉形分岔，可以通过计算时间序列的傅里叶级数来确定。根据快慢变量分离法的计算过程可知，系统的平衡点即为傅里叶级数中的常量部分。函数 $f(x)$ 在 $[0, 2\pi]$ 内展开的傅里叶级数为

$$f(x) = \frac{a_0}{2} + \sum_{n=1}^\infty [a_n\cos(nx) + b_n\sin(nx)] \tag{5.12}$$

式中，正弦和余弦傅里叶分量的系数分别为

$$\begin{cases} a_n = \dfrac{1}{\pi}\displaystyle\int_0^{2\pi} f(x)\cos(nx)\mathrm{d}x, & (n = 0, 1, 2, \cdots) \\[4mm] b_n = \dfrac{1}{\pi}\displaystyle\int_0^{2\pi} f(x)\sin(nx)\mathrm{d}x, & (n = 1, 2, 3, \cdots) \end{cases} \tag{5.13}$$

从方程 (5.13) 中得到常量 a_0 为

$$a_0 = \frac{1}{\pi}\int_0^{2\pi} f(x)\mathrm{d}x \tag{5.14}$$

为从时间序列 $x(t)$ 中得到 a_0 更精确的计算结果，可通过较长的时间序列计算，即

$$a_0 = \frac{2}{rT} \int_0^{rT} x(t)\mathrm{d}t \tag{5.15}$$

式中，$T = 2\pi/\omega$，r 是足够大的整数。通过方程 (5.12) 可知在时间序列中的常量是 $\frac{a_0}{2}$ 不是 a_0，因此通过时间响应序列计算平衡点的公式为

$$X^* = \frac{1}{rT} \int_0^{rT} x(t)\mathrm{d}t \tag{5.16}$$

式 (5.15) 的离散形式为

$$X^* = \frac{1}{rT} \sum_{i=1}^{N} x(t_i)\Delta t, \quad N = \frac{rT}{\Delta t} \tag{5.17}$$

在图 5.1 中，对于不同的阶数 α，给出了稳态平衡点 (即常量) 的解析解和数值解，解析解和数值解吻合良好，这证明了本节所提出的数值计算稳态平衡点的正确性。通过分岔图可以看到，在不同的阶数 α 的取值情况下，参数 a 的变化引起系统叉形分岔。这种数值计算稳定平衡点模拟叉形分岔的方法，也可以用于鞍结分岔与跨临界分岔。图 5.1 的 MATLAB 仿真程序见 5.4 节。

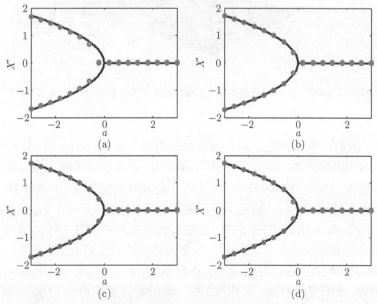

图 5.1　阻尼阶数 α 取值不同时系统参数 a 引起的叉形分岔，(a) α=0.4，(b) α=0.7，(c) α=1.0，(d) α=1.4，其他仿真参数为 δ=1.2，b=1，f=0.1，ω=0.5，F=1，Ω=10，连续线为解析解，离散点为数值解

5.3　共 振 分 析

本小节介绍系统参数引起的共振以及幅频响应。

5.3.1　系统参数引起的共振

当 $b > 0$ 时, 将系统参数 a 作为控制参数, 图 5.2 给出了系统响应幅值增益 Q 的解析解与系统参数 a 及阻尼阶数 α 之间的关系。参数 a 的变化能引起共振现象, 随着 α 的逐渐增大, 参数 a 引起的共振由单峰共振变为双峰共振。随着 α 的增大, 系统响应幅值增益 Q 的峰值也增大。

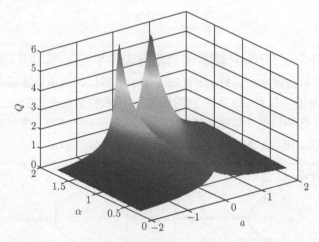

图 5.2　响应幅值增益 Q 的解析解与阻尼阶数 α 及系统参数 a 之间的关系, 计算参数为
δ=1.2, b=1, f=0.1, ω=0.5, F=1, Ω=10

为进一步揭示系统参数 a 对共振现象的影响, 图 5.3 给出了阶数取值不同时 Q 与 a 之间的函数关系。当 α=0.4 和 α=0.7 时, Q-a 呈现单峰共振形状。共振发生在 a=0 附近。当 α=1.0 和 α=1.4 时, Q-a 是双峰共振曲线, a=0 不是共振峰值所在的位置。共振发生时, a 可能大于或者小于零。在图 5.3(c) 中, α=1, 系统退化为常规形式的 Mathieu-Duffing 系统。通过对比图 5.3(c) 和图 5.3(a)、图 5.3(b), 发现当 α <1 时, 系统响应与 a 之间的关系变为单峰共振模式, 这说明系统阶数能够引起不同的共振模式。通过对比图 5.3(c) 和图 5.3(d), 发现当 1< α <2 时, 系统的双峰共振模式逐渐变得明显。在图 5.3 中, 响应幅值增益 Q 的数值结果与解析结果吻合良好, 这说明了两种分析方法的正确性。

当 $b < 0$ 时, 图 5.4 根据式 (5.4) 给出了响应幅值增益 Q 与系统参数 a 以及阻尼阶数 α 之间的关系。对于固定的 a 值, 通过增大 α 的值, 响应幅值增益 Q 也增

大。共振现象的发生与阻尼阶数 α 密切相关。

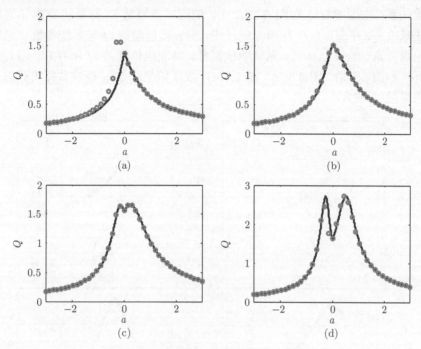

图 5.3 阻尼阶数 α 取值不同时系统参数 a 引起的振动共振，(a) α=0.4，(b) α=0.7，
(c) α=1.0，(d) α=1.4，其他计算参数为 δ=1.2，b=1，f=0.1，ω=0.5，F=1，Ω=10，
连续线为解析解，离散点为数值解

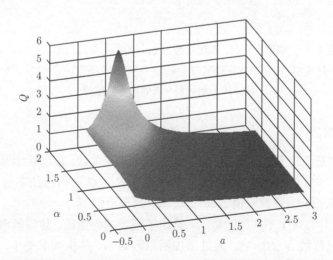

图 5.4 响应幅值增益 Q 的解析解与阻尼阶数 α 及系统参数 a 之间的关系，计算参数为
δ=1.2，b = -1，f=0.1，ω=0.5，F=1，Ω=10

图 5.5 中, 当 $b < 0$ 时, 对于不同的 α 取值, 在二维平面上给出了 Q-a 之间的函数关系。在图 5.5(a) 和图 5.5(b) 中, 响应幅值增益 Q 与系统参数 a 之间是单调递减关系。在图 5.5(c) 和图 5.5(d) 中, 响应幅值增益 Q 与系统参数 a 之间呈现非单调关系。当 $a < 0$ 时, 系统响应发散, 响应幅值增益 Q 不存在。通过对比图 5.5(c) 和图 5.5(a)、图 5.5(b)、图 5.5(d), 发现阻尼阶数 α 影响共振模式以及响应幅值增益 Q 的大小。

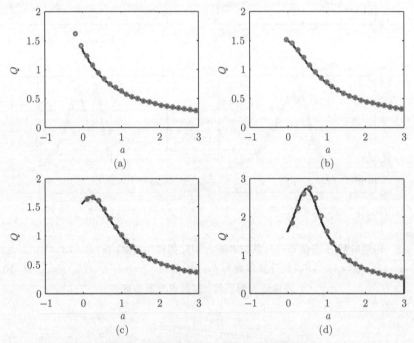

图 5.5　阻尼阶数 α 取值不同时, 系统参数 a 引起的振动共振, (a) α=0.4, (b) α=0.7, (c) α=1.0, (d) α=1.4, 其他计算参数为 δ=1.2, $b = -1$, f=0.1, ω=0.5, F=1, Ω=10, 连续线为解析解, 离散点为数值解

5.3.2　幅频响应

幅频响应是振动系统的重要内容, 通过幅频响应曲线, 能够确定系统的共振频率。当 $a < 0$、$b > 0$ 时, 图 5.6 给出了响应幅值增益 Q 与信号频率 ω 以及阻尼阶数 α 之间的关系。当阶数取值远离 α=1 时, 共振更强烈。

在图 5.7 中, 对于不同的阶数 α, 给出了幅频响应曲线, 共振频率和共振幅值直接受到阻尼阶数 α 的影响。通过增加阻尼阶数 α, 共振频率变小。通过对比图 5.7(c) 与图 5.7(a)、图 5.7(b)、图 5.7(d), 发现分数阶 Mathieu-Duffing 振子比整数阶 Mathieu-Duffing 振子的共振更强烈。

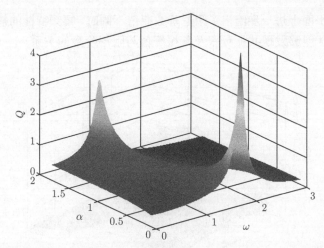

图 5.6 响应幅值增益 Q 的解析解与阻尼阶数 α 及信号频率 ω 之间的关系, 计算参数为 $\delta=1.2$, $a=-1$, $b=1$, $f=0.1$, $F=1$, $\Omega=30$

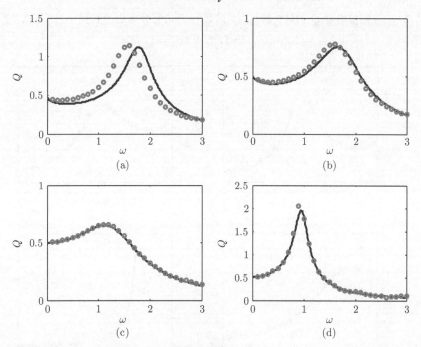

图 5.7 阻尼阶数 α 取值不同时系统的幅频响应, (a) $\alpha=0.4$, (b) $\alpha=0.6$, (c) $\alpha=1.0$, (d) $\alpha=1.7$, 其他计算参数为 $\delta=1.2$, $a=-1$, $b=1$, $f=0.1$, $F=1$, $\Omega=30$, 连续线为解析解, 离散点为数值解

在图 5.8 中, $a>0$, $b>0$, 该图给出了响应幅值增益 Q 与阻尼阶数 α 以及信号频率 ω 的关系。分数阶阻尼情况比整数阶阻尼情况能够引起更强烈的共振。

图 5.9 在二维平面上进一步给出了阻尼阶数取值不同时, 幅频特性的解析解与数值解。通过图 5.9 能够发现共振频率及共振峰值与阻尼阶数的关系。

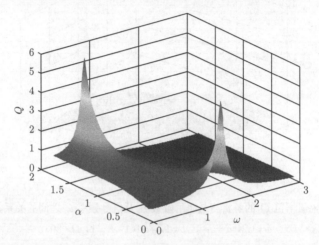

图 5.8　响应幅值增益 Q 的解析解与阻尼阶数 α 及信号频率 ω 之间的关系, 计算参数为 $\delta=1.2$, $a=1$, $b=1$, $f=0.1$, $F=1$, $\Omega=30$

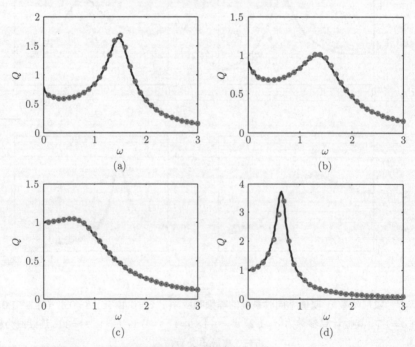

图 5.9　阻尼阶数 α 取值不同时系统的幅频响应, (a) $\alpha=0.3$, (b) $\alpha=0.5$, (c) $\alpha=1.0$, (d) $\alpha=1.7$, 其他计算参数为 $\delta=1.2$, $a=1$, $b=1$, $f=0.1$, $F=1$, $\Omega=30$, 连续线为解析解, 离散点为数值解

在图 5.10 和图 5.11 中, 给出了当 $a > 0$, $b < 0$ 时的响应幅频特性。对于这种情况, 原系统具有双稳势函数, 共振频率和共振峰值与阻尼阶数 α 相关。通过图 5.6~ 图 5.11 发现, 系统参数取值不同, 势函数具有不同形状, 共振频率和共振幅值依赖于阻尼阶数 α。随着阻尼阶数 α 的增大, 共振频率变小, 当阻尼阶数远离 $\alpha=1$ 时, 响应幅值增益逐渐变大。

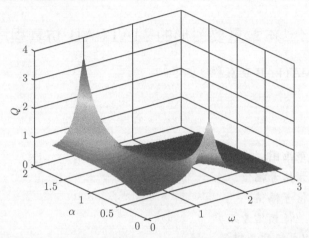

图 5.10 响应幅值增益 Q 的解析解与阻尼阶数 α 及信号频率 ω 之间的关系, 计算参数为 $\delta=1.2$, $a=1$, $b=-1$, $f=0.1$, $F=1$, $\Omega=30$

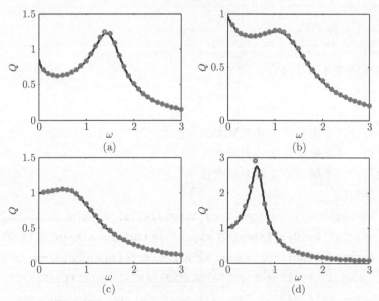

图 5.11 阻尼阶数 α 取值不同时系统的幅频响应, (a) $\alpha=0.4$, (b) $\alpha=0.7$, (c) $\alpha=1.0$, (d) $\alpha=1.6$, 其他计算参数为 $\delta=1.2$, $a=1$, $b=-1$, $f=0.1$, $F=1$, $\Omega=30$, 连续线为解析解, 离散点为数值解

　　本章采用快慢变量分离法分析分数阶形式的 Mathieu-Duffing 振子的分岔与共振特性。该方法虽简单,但计算的精确度较低,在需要进行比较精确的计算时,可以采用多尺度法、平均法等近似方法。再者,本章研究的模型中,参数激励为快变量,如果参数激励为慢变量,外激励为快变量,系统的响应如何,也是值得进一步研究的问题。

5.4　本章重要图形的 MATLAB 仿真程序

　　图 5.1 的 MATLAB 仿真程序如下:

```
clear all;
close all;
clc;
%先根据解析结果画图
A1=0.1;    %低频信号幅值
A2=1;    %高频信号幅值
omega1=0.5;    %低频信号频率
omega2=10;    %高频信号频率
a=-3:0.01:3;    %系统参数a的取值范围
L1=length(a);
b=1;
delta=1.2;
alpha=[0.4 0.7 1.0 1.4];
L2=length(alpha);
for k=1:L2
    X1=[];    %平衡点分支序列赋空值
    X2=[];    %平衡点分支序列赋空值
    X3=[];    %平衡点分支序列赋空值
    for i=1:L1
        mu=sqrt((a(i)-omega2^2+delta*omega2^alpha(k)*cos(alpha(k)
        *pi/2))^2+(delta*omega2^alpha(k)*sin(alpha(k)*pi/2))^2);
        thetah=-atan((delta*omega2^alpha(k)*sin(alpha(k)*pi/2))/(a(i)
        -omega2^2+delta*omega2^alpha(k)*cos(alpha(k)*pi/2)));
        beta=b*(1+3*A2^2/(2*mu^2));
        a1(i)=a(i)+A2^2*cos(thetah)/(2*mu);
        if a1(i)<0
```

```
            X1(i)=sqrt(-(2*a(i)*mu^2+mu*A2^2*cos(thetah))/(b*(2*mu^2+
            3*A2^2)));
            X2(i)=-X1(i);
        else
            X1(i)=0;
            X2(i)=0;
        end
    end
    subplot(2,2,k)
    plot(a,X1,'-k','linewidth',2)
    hold on;
    plot(a,X2,'-k','linewidth',2)
    xlabel('\ita','fontsize',12,'fontname','times new roman')
    ylabel('\itX^*','fontsize',12,'fontname','times new roman')
end
%以下用数值模拟法画图
fs=100;    %采样频率
h=1/fs;    %计算步长
N=round(25*fs*2*pi/omega1);    %采样点数
N1=round(5*fs*2*pi/omega1)+1;    %做为暂态响应的点
n=0:N-1;
t=n/fs;
F1=A1*cos(omega1.*t);    %低频激励时间序列
F2=A2*cos(omega2.*t);    %高频激励的时间序列
a=-3:0.4:3;    %系统参数a的取值范围，采取较大的步长，缩短计算时间
L=length(a); for k=1:4
    alpha1=alpha(k);    %阻尼项的阶数
    alpha2=2-alpha1;
    w=ones(1,N);
    w(1)=(1-alpha1-1);
    w2=ones(1,N);
    w2(1)=(1-alpha2-1);
    for j=1:L
        x=zeros(1,N);
        y=zeros(1,N);
```

```
    for i=1:N-1
        w(i+1)=(1-(alpha1+1)/(i+1))*w(i);
        w2(i+1)=(1-(alpha2+1)/(i+1))*w2(i);
        x(i+1)=-w(1:i)*x(i:-1:1)'+h^(alpha1)*y(i);
        y(i+1)=-w2(1:i)*y(i:-1:1)'+h^(alpha2)*(-delta*y(i)-a(j)*
        x(i)-b*x(i)^3+F1(i)-F2(i)*x(i));
    end
    t2=t(N1:N);    %稳态响应序列对应的时间;
    x2=x(N1:N);    %截取稳态响应时间序列;
    z12=x2.*h;
    B12=sum(z12);    %计算傅里叶级数中的常数分量
    R1(k,j)=B12/((N-N1)/fs);    %计算时间序列中的常数分量
    R2(k,j)=-R1(k,j);    %计算另一个对称的稳定的平衡点分支
    end
    subplot(2,2,k)
    plot(a,R1(k,:),'or','linewidth',2,'markersize',4)
    hold on;
    plot(a,R2(k,:),'or','linewidth',2,'markersize',4)
    axis([-3 3 -2 2])
end
gtext('(a) \alpha=0.4','fontsize',10,'fontname','times new roman')
gtext('(b) \alpha=0.7','fontsize',10,'fontname','times new roman')
gtext('(c) \alpha=1.0','fontsize',10,'fontname','times new roman')
gtext('(d) \alpha=1.4','fontsize',10,'fontname','times new roman')
```

参 考 文 献

[1] El Ouni M H, Kahla N B, Preumont A. Numerical and experimental dynamic analysis and control of a cable stayed bridge under parametric excitation. Engineering Structures, 2012, 45: 244-256.

[2] Plat H, Bucher I. Parametric excitation of traveling waves in a circular non-dispersive medium. Journal of Sound and Vibration, 2014, 333(5): 1408-1420.

[3] Kaajakari V, Lal A. Parametric excitation of circular micromachined polycrystalline silicon disks. Applied Physics Letters, 2004, 85(17): 3923-3925.

[4] Mironov M A, Pyatakov P A, Konopatskaya I I, et al. Parametric excitation of shear waves in soft solids. Acoustical Physics, 2009, 55(4-5): 567-574.

[5]   Ruelas R E, Rand D G, Rand R H. Parametric excitation and evolutionary dynamics. Journal of Applied Mechanics, 2013, 80(5): 050903.

[6]   Pedersen N F, Samuelsen M R, Saermark K. Parametric excitation of plasma oscillations in Josephson junctions. Journal of Applied Physics, 1973, 44(11): 5120-5124.

[7]   Belhaq M, Sah S M. Horizontal fast excitation in delayed van der Pol oscillator. Communications in Nonlinear Science and Numerical Simulation, 2008, 13(8): 1706-1713.

[8]   Mokni L, Belhaq M, Lakrad F. Effect of fast parametric viscous damping excitation on vibration isolation in sdof systems. Communications in Nonlinear Science and Numerical Simulation, 2011, 16(4): 1720-1724.

[9]   Huan R H, Zhu W Q, Ma F, et al. The effect of high-frequency parametric excitation on a stochastically driven pantograph-catenary system. Shock and Vibration, 2014, (1): 792673.

[10] Fidlin A, Thomsen J J. Non-trivial effects of high-frequency excitation for strongly damped mechanical systems. International Journal of Non-linear Mechanics, 2008, 43(7): 569-578.

[11] Thomsen J J. Effective properties of mechanical systems under high-frequency excitation at multiple frequencies. Journal of Sound and Vibration, 2008, 311(3): 1249-1270.

[12] Horton B, Sieber J, Thompson J M T, et al. Dynamics of the nearly parametric pendulum. International Journal of Non-linear Mechanics, 2011, 46(2): 436-442.

[13] Han Q, Wang J, Li Q. Parametric instability of a cantilever beam subjected to two electromagnetic excitations: Experiments and analytical validation. Journal of Sound and Vibration, 2011, 330(14): 3473-3487.

第6章 分数阶非线性系统的鞍结分岔与共振现象

本章研究过阻尼形式的分数阶非线性系统的鞍结分岔以及振动共振问题，势函数为非对称双稳势函数。本章给出一种模拟静态分岔的方法，研究阻尼阶数及非对称系数对鞍结分岔的影响，并给出三种不同形式的振动现象。

6.1 响应幅值增益

具有非对称双稳势函数的非线性系统具有丰富的动力学行为以及广泛的应用背景 [1-6]。考虑如下形式的分数阶非线性系统

$$\frac{\mathrm{d}^{\alpha} x}{\mathrm{d} t^{\alpha}} = -\frac{\mathrm{d} V}{\mathrm{d} x} + f\cos(\omega t) + F\cos(\Omega t) \tag{6.1}$$

势函数 $V(x)$ 为

$$V(x) = -\frac{1}{2}\omega_0^2 x^2 + \frac{a}{3}x^3 + \frac{b}{4}x^4 \tag{6.2}$$

式中，$f \ll 1$，$\omega \ll \Omega$，$\omega_0^2 > 0$，$a > 0$，$b > 0$。势函数的非对称特性取决于参数 a，当 $a=0$ 时，势函数为对称的双稳势函数，当 $a \neq 0$ 时，势函数为非对称双稳势函数。当 $a < 0$ 时，右侧势阱较深，当 $a > 0$ 时，左侧势阱较深，如图 6.1 所示。参数 ω_0^2 和 b 主要影响势阱的宽度和深度。在常微分非线性对称系统中，势阱的宽度与深度对系统振动共振的影响已有文献进行了较详细的研究 [7]，本节主要研究 α 与 a 对系统响应的影响规律。

根据快慢变量分离法，令 $x = X + \Psi$，其中 X 和 Ψ 分别为周期为 $2\pi/\omega$ 和 $2\pi/\Omega$ 的慢变量和快变量，方程 (6.1) 变为

$$\begin{aligned}
&\frac{\mathrm{d}^{\alpha} X}{\mathrm{d} t^{\alpha}} + \frac{\mathrm{d}^{\alpha} \Psi}{\mathrm{d} t^{\alpha}} \\
&= \omega_0^2 X + \omega_0^2 \Psi - bX^3 - b\Psi^3 - 3bX^2\Psi - 3bX\Psi^2 \\
&\quad - aX^2 - a\Psi^2 - 2aX\Psi + f\cos(\omega t) + F\cos(\Omega t)
\end{aligned} \tag{6.3}$$

在下列线性方程中寻找 Ψ 的近似解

$$\frac{\mathrm{d}^{\alpha} \Psi}{\mathrm{d} t^{\alpha}} = \omega_0^2 \Psi + F\cos(\Omega t) \tag{6.4}$$

通过待定系数法得到

$$\Psi = \frac{F}{\mu}\cos(\Omega t - \varphi) \tag{6.5}$$

式中,

$$
\begin{cases}
\mu^2 = \left(\Omega^\alpha \cos \dfrac{\alpha\pi}{2} - \omega_0^2 \right)^2 + \left(\Omega^\alpha \sin \dfrac{\alpha\pi}{2} \right)^2 \\[4mm]
\varphi = \arctan \dfrac{\Omega^\alpha \sin \dfrac{\alpha\pi}{2}}{\Omega^\alpha \cos \dfrac{\alpha\pi}{2} - \omega_0^2}
\end{cases}
\tag{6.6}
$$

将式 (6.5) 代入式 (6.3) 并在 $[0, 2\pi/\Omega]$ 内进行平均得到

$$
\frac{\mathrm{d}^\alpha X}{\mathrm{d}t^\alpha} = C_1 X - a X^2 - b X^3 - C_0 + f \cos(\omega t)
\tag{6.7}
$$

式中, $C_1 = \omega_0^2 - \dfrac{3bF^2}{2\mu^2}$, $C_0 = \dfrac{aF^2}{2\mu^2}$。系统 (6.7) 的等价势函数为

$$
V_{\text{eff}} = \frac{b}{4} X^4 + \frac{a}{3} X^3 - \frac{C_1}{2} X^2 + C_0 X
\tag{6.8}
$$

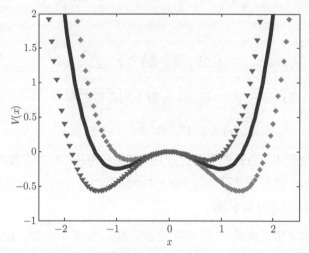

图 6.1　非对称双稳势函数的形状, 计算参数为 $\omega_0^2 = 1$, $b = 1$, $a = -0.6$ (菱形), $a=0$ (连续线), $a=0.6$ (倒三角)

　　不考虑激励, 等价系统具有两个稳定的平衡点和一个不稳定的平衡点, 将平衡点标记为 X_{S1}^*, X_U^* 和 X_{S2}^*, 并令 $X_{S1}^* < X_U^* < X_{S2}^*$, X_{S1}^* 和 X_{S2}^* 是稳定的平衡点, X_U^* 是不稳定的平衡点。如果式 (6.7) 仅具有一个稳定的平衡点则记为 X_S^*。式 (6.7) 平衡点的变化是平衡点分岔问题。慢变量围绕稳态平衡点运动, 令 $Y = X - X^{**}$, X^{**} 表示一个稳定的平衡点, X^{**} 可能是 X_{S1}^*, X_{S2}^* 或者 X_S^*, 方程 (6.7) 变为

$$
\frac{\mathrm{d}^\alpha Y}{\mathrm{d}t^\alpha} = \omega_r^2 Y - \beta Y^2 - b Y^3 + f \cos(\omega t)
\tag{6.9}
$$

式中，$\omega_r^2 = C_1 - 2aX^{**} - 3bX^{**2}$，$\beta = a + 3bX^{**2}$。根据线性响应理论，在线性方程中寻找 Y 的近似解

$$\frac{\mathrm{d}^\alpha Y}{\mathrm{d}t^\alpha} = \omega_r^2 Y + f\cos(\omega t) \tag{6.10}$$

令 Y 的近似解为 $Y = A_L\cos(\omega t - \theta)$，利用待定系数法得到

$$\begin{cases} A_L = \dfrac{f}{\sqrt{\left(\omega^\alpha\cos\dfrac{\alpha\pi}{2} - \omega_r^2\right)^2 + \left(\omega^\alpha\sin\dfrac{\alpha\pi}{2}\right)^2}} \\[2em] \theta = \arctan\dfrac{\omega^\alpha\sin\dfrac{\alpha\pi}{2}}{\omega^\alpha\cos\dfrac{\alpha\pi}{2} - \omega_r^2} \end{cases} \tag{6.11}$$

响应幅值增益为

$$Q = \frac{1}{\sqrt{\left(\omega^\alpha\cos\dfrac{\alpha\pi}{2} - \omega_r^2\right)^2 + \left(\omega^\alpha\sin\dfrac{\alpha\pi}{2}\right)^2}} \tag{6.12}$$

6.2　鞍结分岔

鞍结分岔可通过方程 (6.9) 确定，分析下列方程的根

$$C_1 X - aX^2 - bX^3 - C_0 = 0 \tag{6.13}$$

随着分岔参数的变化，当系统平衡点合并 (产生或消失) 时发生鞍结分岔 (saddle-node bifurcation)，也叫切分岔 (flip bifurcation)[8−11]。

6.2.1　阻尼阶数对分岔的影响

图 6.2 给出了阻尼阶数 α 引起的静态分岔。当 $a \neq 0$ 时，如图 6.2(a) 和图 6.2(c) 所示，系统发生鞍结分岔。对于 $a < 0$ 的情况，系统平衡点总有一个稳定的分支，在分岔点之前，系统只有一个稳定的平衡点 X_S^*，当阻尼阶数 α 的值经过分岔点时，系统同时出现一个不稳定的平衡点分支与一个负值的稳定平衡点分支，稳定的平衡点 X_S^* 转变为稳定的平衡点 X_{S2}^*。对于 $a > 0$ 的情况，负值的稳定分支总是存在，随着 α 的增大出现鞍结分岔，系统同时出现正值的稳定平衡点分支以及一个不稳定的平衡点分支。当 α 经过平衡点时，稳定的平衡点分支 X_S^* 变为稳定的分支 X_{S1}^*。在图 6.2 中，对于 $a=0.6$ 和 $a = -0.6$，鞍结分岔的分岔点为 $\alpha=0.96$，由此可见分岔点 α 的值受参数 a 值大小的影响，不受 a 值符号的影响。在图 6.2(b) 中，$a=0$，系统的势函数变为双稳态势函数，阻尼阶数 α 的变化引起的鞍结分岔转变成超临界叉形分岔。对于图 6.2(a) 中和图 6.2(c) 中的鞍结分岔，也叫做 "扰动的

叉形分岔"[10] 或者 "有缺陷的分岔"[12]。Thomsen 将 $\frac{a}{3}x^3$ 视为双稳系统的扰动项，这是引起叉形分岔发生质变的原因，叉形分岔对于不对称参数 a 的扰动是不稳定的，摄动项使系统的分岔偏离叉形分岔行为。鞍结分岔是通有分岔，其他的静态分岔不是通有分岔。此外，鞍结分岔是不连续的，叉形分岔是连续的。对于叉形分岔，在分岔点处平衡点同时出现或消失并且稳定性发生变化。显然，在图 6.2(a) 和图 6.2(c) 中，越过分岔点后其中一个分支的稳定性不会发生变化，在 $\alpha \in (0, 2)$ 范围内，稳定的平衡点分支总是稳定的平衡状态。因此，将图 6.2(a) 与图 6.2(c) 中的分岔行为看作鞍结分岔更合适。

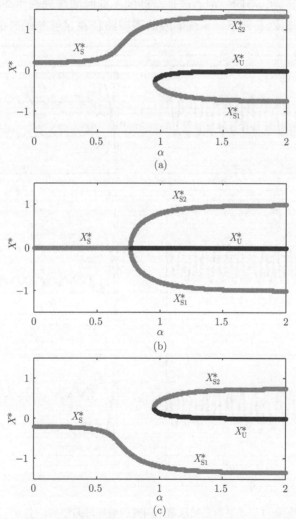

图 6.2　阻尼阶数 α 引起分岔的解析预测，(a) $a = -0.6$, (b) $a=0$, (c) $a=0.6$，其他计算参数为 $\omega_0^2 = 1$, $b=1$, $F=3$, $\Omega=6$

为了进一步验证解析结果对分岔预测的正确性，以下提出一种验证静态分岔的数值方法。如果系统的响应不能实现在两势阱中穿越，系统运动围绕稳定的平衡点运动，系统响应的情况可能与初始条件有关。根据方程 (6.12) 可知，只有弄清初始条件对系统响应的影响，才能进一步研究系统的响应幅值增益以及静态分岔行为。在不同的初始条件下，通过数值方法计算方程 (6.1) 的响应。给出不同的参数与不同的初始条件，图 6.3 给出了系统响应的时间序列。当 $\alpha=0.5$ 时，经过非常短的时间 4 条路径完全重合，系统响应围绕唯一的稳定平衡点 X_S^* 运动。当 $\alpha=1.5$ 时，有 2 条路径围绕稳定的平衡点 X_{S1}^* 运动，另 2 条路径围绕稳定的平衡点 X_{S2}^* 运动。经过暂态运动，沿同一中心流形运动的不同时间序列会完全重合。根据这一事实，在不同的初始条件下，系统响应的不同路径在足够长的时间会达到一个或

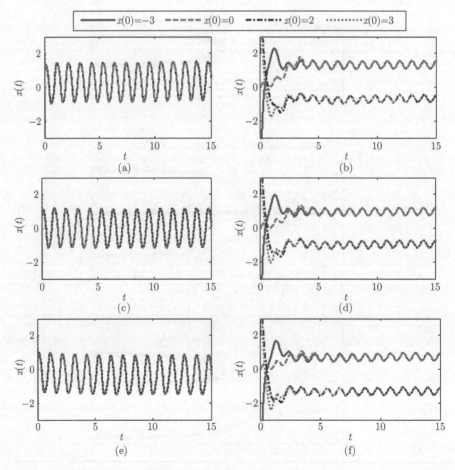

图 6.3　不同初始条件以及系统参数取值不同时的响应时间序列，(a) $a=-0.6$，$\alpha=0.5$，(b) $a=-0.6$，$\alpha=1.5$，(c) $a=0$，$\alpha=0.5$，(d) $a=0$，$\alpha=1.5$，(e) $a=0.6$，$\alpha=0.5$，(f) $a=0.6$，$\alpha=1.5$，其他计算参数为 $f=0.05$，$\omega_1=0.5$，$F=3$，$\Omega=6$

两个确定的位置。在数值仿真时，稳定的时间序列围绕稳定的平衡点运动。在确定的时间点，无论选取多少不同的时间序列，系统的响应总是位于一个或两个确定的位置。此外，当响应时间序列在不同的势阱中运动时，响应幅值增益的值也可能是不同的。

根据图 6.3 描述的事实，提出一种模拟平衡点分岔的方法。具体步骤如下：选择一个区间内的所有点作为计算系统响应的初始条件，如选取区间 −3:0.06:3 内的点作为 $x(0)$，其中 −3 和 3 是区间的开始点和结束点，0.06 是间隔的步长。选取一个确定的时间点，比如 $10T$，$T = 2\pi/\omega$，记录下来不同初始条件所确定的所有路径在该时刻的位置，借此可以研究分岔行为。这种数值模拟分岔图的方法是受到计算非线性系统安全盆的启发 [13−15]。当然，能用这种方法进行分岔数值模拟的原因是系统的响应是周期的或准周期的而不是混沌的，如果系统的响应是混沌的，则这种方法可能会失效。对于混沌时间序列，不同路径在某一个确定时间点的位置是难以确定的，混沌序列对初始条件具有敏感性。

在图 6.4 中，利用该方法给出了阻尼阶数 α 引起的平衡点分岔行为。在图 6.4(a) 和图 6.4(c) 中，对鞍结分岔进行了数值模拟。在图 6.4(b) 中，对叉形分岔进行了数值模拟。对于 $a = -0.6$、0、0.6，分岔点分别为 $\alpha=0.97$、0.75、0.97。在图 6.2 中，相应的分岔点分别为 $\alpha=0.96$、0.76、0.96。数值结果和解析结果吻合良好，

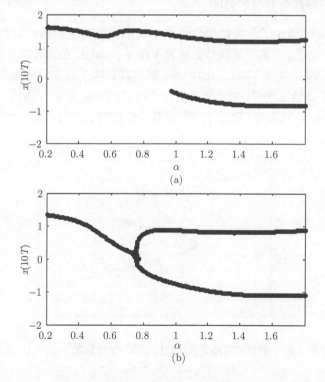

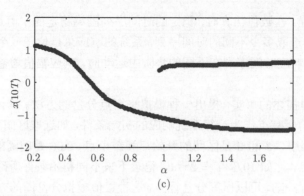

(c)

图 6.4　数值模拟阻尼阶数 α 引起的分岔, (a) $a = -0.6$, (b) $a=0$, (c) $a=0.6$, 其他计算参数为 $\omega_0^2 = 1$, $b=1$, $f=0.05$, $\omega=0.5$, $F=3$, $\Omega=6$, 初始条件选区间 -3:0.06:3 内的所有点

这证明了解析分析以及所提出的数值模拟方法的正确性。在图 6.2 和图 6.4 中, 对于鞍结分岔, 总有一个稳定的分支存在, 另一个稳定的分支在分岔点之后出现。对于超临界叉形分岔, 在分岔点处一个稳定的分支同时分裂为两个稳定的分支。数值模拟分岔的图形也证明了鞍结分岔中平衡点分支分裂的不连续性以及叉形分岔的连续性。图 6.4 的 MATLAB 仿真程序见 6.4 节。

6.2.2　不对称参数对分岔的影响

在图 6.5 中, 给出了不对称参数 a 所引起的鞍结分岔的解析预测。在该图中, 发生了两次鞍结分岔, 第一次鞍结分岔发生在 $a = -0.21$ 处, 第二次鞍结分岔发生在 $a=0.21$ 处。当 a 处于 $[-0.21, 0.21]$ 时, 系统具有两个稳定的平衡点分支 X_{S1}^* 和 X_{S2}^*。当 a 处于其他区间时, 系统仅具有一个稳定的平衡点分支 X_S^*。分岔图关于直线 $X^* = 0$ 对称。在该图中, 随着不对称参数从负值变为正值, 第一个分岔点是一条

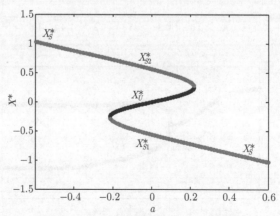

图 6.5　不对称参数 a 引起的鞍结分岔的解析预测, 计算参数为 $\alpha=1.1$, $\omega_0^2 = 1$, $b=1$, $f=0.05$, $\omega=0.5$, $F=5$, $\Omega=6$

稳定分支和一条不稳定分支的起始点，第二个分岔点是一条稳定分支和一条不稳定分支的结束点。在第一个鞍结分岔点，出现第二条稳定的平衡点分支，因此将第一次分岔作为超临界分岔的情况。在第二个鞍结分岔点，有一条稳定的平衡点分支消失，将第二次分岔作为亚临界分岔的情况。

图 6.6 给出了不对称参数 a 引起的鞍结分岔的数值仿真图形，该图形中第一个鞍结分岔点为 $a = -0.16$，第二个鞍结分岔点为 $a=0.16$。该图中的结果与图 6.5 中的结果基本一致，再一次证明了解析分析和数值模拟的正确性。

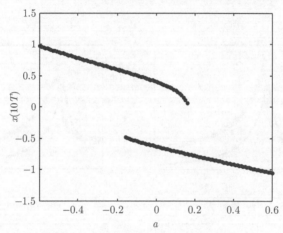

图 6.6 数值模拟不对称参数 a 引起的鞍结分岔，计算参数为 $\alpha=1.1$，$\omega_0^2 = 1$，$b=1$，$f=0.05$，$\omega=0.5$，$F=5$，$\Omega=6$，初始条件选区间 $-3{:}0.06{:}3$ 内的所有点

6.3 三种共振

本节分别介绍高频激励、阻尼阶数以及系统参数引起的共振现象。

6.3.1 高频激励引起的共振

在图 6.7 中，给出了 a 取三个不同参数时系统的振动共振现象。在图 6.7(a) 和图 6.7(f) 中，Q-F 曲线呈现双峰振动共振现象，在其他图形中则呈现单峰振动共振现象。如果等价系统 (6.7) 有两个稳定的平衡点，将 $X^{**} = X_{S1}^*$ 代入式 (6.12) 得到图 6.7(a)、(c)、(e)，将 $X^{**} = X_{S2}^*$ 代入式 (6.12) 得到图 6.7(b)、(d)、(f)。否则，将稳定的平衡点 $X^{**} = X_S^*$ 代入式 (6.12) 得到相应幅值增益的解析解。显然，图 6.7(a) 和图 6.7(f) 完全相同，图 6.7(b) 与图 6.7 (e) 完全相同，图 6.7(c) 与图 6.7(d) 中的解析结果完全相同。对数值模拟计算，在图 6.7(a)、(c)、(e) 中选取 $x(0)=-1.5$，在图 6.7(b)、(d)、(f) 中选取 $x(0)=1.5$，用以确保在图 6.7 (a)、(c)、(e) 中系统响应围绕稳定平衡点 $X^{**} = X_{S1}^*$ 或者在图 6.7(b)、(d)、(f) 中围绕平衡点 $X^{**} = X_S^*$。

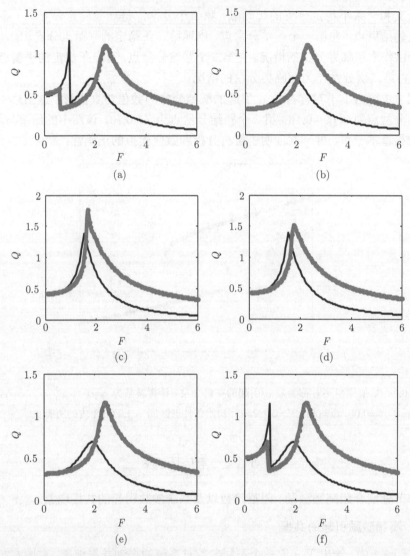

图 6.7　高频信号幅值引起的振动共振, (a) $a = -0.6$, $x(0)=-1.5$, (b) $a = -0.6$, $x(0)=1.5$, (c) $a=0$, $x(0)=-1.5$, (d) $a=0$, $x(0)=1.5$, (e) $a=0.6$, $x(0)=-1.5$, (f) $a=0.6$, $x(0)=1.5$, 细实线为解析解, 粗实线为数值解

在图 6.8 中, 对于 $\alpha=1.5$ 的情况, 给出了高频信号幅值引起的振动共振。在计算解析结果时, 在图 6.8 (a)、(c)、(e) 中假设运动围绕平衡点 X_{S1}^* 或者 X_S^* 运动, 在图 6.8 (b)、(d)、(f) 中, 假设运动围绕平衡点 X_{S2}^* 或者 X_S^* 运动。数值模拟结果和解析结果基本一致, 该图也说明了响应幅值增益对初始条件的依赖性, 这是因为初始条件决定响应在哪一个势阱中运动, 对于非对称系统, 两势阱的深度是不同

的。图 6.7 和图 6.8 都说明了系统响应对初始条件的依赖。因此，对于非对称的系统，在正确计算响应幅值增益之前，需要确定响应在哪个势阱中运动。

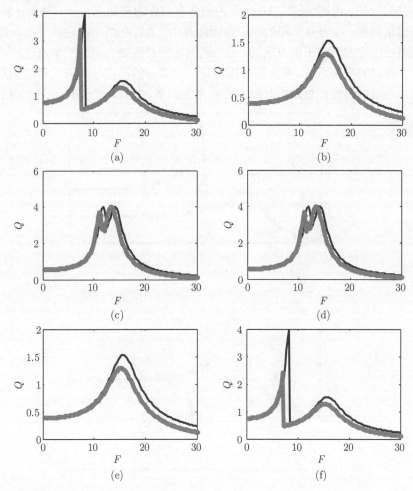

图 6.8　高频信号幅值引起的振动共振，(a) $a=-0.6$，$x(0)=3$，(b) $a=-0.6$，$x(0)=-3$，(c) $a=0$，$x(0)=3$，(d) $a=0$，$x(0)=-3$，(e) $a=0.6$，$x(0)=3$，(f) $a=0.6$，$x(0)=-3$，其他计算参数为 $\alpha=1.5$，$\omega_0^2=1$，$b=1$，$f=0.05$，$\omega=0.5$，$\Omega=6$，细实线为解析结果，粗实线为数值结果

6.3.2　阻尼阶数引起的共振

在图 6.9 中，响应幅值增益是阻尼阶数 α 的非线性函数。在该图中，粗实线表示解析解，前提条件为运动围绕稳定的平衡点 X_{S1}^* 或 X_S^* 运动，带圆圈的细实线也表示解析解，前提条件为运动围绕稳定的平衡点 X_{S2}^* 或 X_S^* 运动。当 α 作为控制参数，在不同的初始条件下，采用数值模拟法对解析结果进行了验证。以 α 为

控制变量进行数值仿真时, 很难确认系统的响应是在哪个势阱中运动, 这就使得数值仿真难以和解析结果对应起来。为了解决这一问题, 借助于 6.2 节中数值模拟平衡点分岔的方法。选用区间 −3:0.06:3 内的所有点作为初始点 $x(0)$, 分别计算系统的响应幅值增益。在所有不同的响应时间序列中, 当存在两个稳定的平衡点时, 一些响应路径围绕左侧的平衡点运动, 另一些响应路径围绕右侧的平衡点运动。当仅存在一个稳定的平衡点时, 响应路径围绕这一个唯一的稳定平衡点运动。围绕同一个平衡点运动的路径在很短的时间内得到完全同步。此外, 完全重合的时间路径具

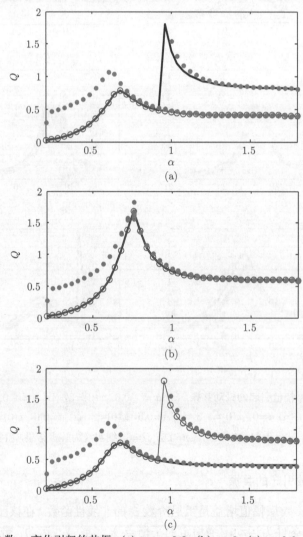

图 6.9　阻尼阶数 α 变化引起的共振, (a) $a = -0.6$, (b) $a=0$, (c) $a=0.6$, 其他计算参数为 $\omega_0^2 = 1$, $b=1$, $f=0.05$, $\omega=0.5$, $\Omega=6$, 粗实线和带圆圈的细实线表示解析解, 离散的点表示数值解, 初始条件选区间 −3:0.06:3 内的所有点

有相同的响应幅值增益。因此，采用多个不同的初始条件来实现所有不同的响应时间序列对响应幅值增益进行数值模拟是可行的。在图 6.9(a) 中，$a=-0.6$，当运动围绕 X_{S1}^* 或者 X_S^* 运动时发生双峰振动共振，当运动围绕 X_{S2}^* 或 X_S^* 运动时发生单峰振动共振。在图 6.9(b) 中，$a=0$，势函数为对称的双稳势函数，响应幅值增益为单峰共振模式。在图 6.9(c) 中，$a=0.6$，当运动围绕 X_{S2}^* 或者 X_S^* 运动时发生双峰振动共振，当运动围绕 X_{S1}^* 或者 X_S^* 运动时发生单峰振动共振。在图 6.9 中，非对称参数 a 取值的不同可能会导致 Q-α 曲线的双峰共振。

6.3.3 不对称参数引起的共振

图 6.10 给出了不对称参数 a 引起的共振。在该图中，粗实线为解析解，前提条件为系统运动围绕稳定的平衡点 X_{S1}^* 或者 X_S^* 运动，带圆圈的细实线也表示解析解，前提条件为系统运动围绕稳定的平衡点 X_{S2}^* 或者 X_S^* 运动。在 a 从负值到正值变化的过程中，发生共振，响应幅值增益曲线关于直线 $a=0$ 对称。共振发生在点 $a=-0.21$（解析解），$a=-0.16$（数值解），$a=0.16$（数值解），$a=0.21$（解析解）。此外，根据图 6.5 和图 6.6，a 的这些值恰好为鞍结分岔的临界分岔点。因此，共振也发生在分岔点。从图 6.10 中知道，当其他参数固定时，不对称参数能够引起共振行为。

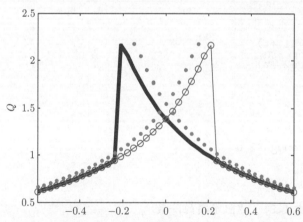

图 6.10 不对称参数 a 引起的共振，计算参数为 $\alpha=1.1$，$\omega_0^2=1$，$b=1$，$f=0.05$，$\omega=0.5$，$F=5$，$\Omega=6$，粗实线以及带圆圈的细实线为解析解，离散的点为数值解，初始条件选区间 $-3\!:\!0.06\!:\!3$ 内的所有点

6.4 本章重要图形的 MATLAB 仿真程序

在第 1 章已经说明，分数阶微分方程的数值计算可采用 Grünwald-Letnikov 分数阶导数定义法或者预估校正法。一般来讲，Grünwald-Letnikov 分数阶导数定义

法比较简单, 但适合于初始条件为零的情况来求数值解。本图形仿真所采用的初始条件是一个集合, 看似采用 Grünwald-Letnikov 分数阶导数定义法是不合理的, 但在前文已有说明, 初始条件决定系统响应的瞬态解, 瞬态解会由于阻尼的存在而迅速消失。图 6.4 实质上研究的是稳态解, 稳态解并不受初始条件的影响, 故仍可采用 Grünwald-Letnikov 分数阶导数定义法来求解数值方程。图 6.4 的 MATLAB 仿真图形如下:

```
clear all;
close all;
clc;
A1=0.05;
omega1=0.5;
A2=3;
omega2=6;
fs=100;
h=1/fs;
N=round(10*fs*2*pi/omega1);
n=0:N-1;
t=n/fs;
F1=A1*cos(omega1.*t);
F2=A2*cos(omega2.*t);
x=zeros(1,N);
x0=-3:0.06:3;
L1=length(x0);
w02=1;    %表示omega^2_0
a=[-0.6 0 0.6];
b=1;
alpha=0.2:0.01:1.8;    %阻尼项的阶数
L2=length(alpha);
w=ones(1,N);
for m=1:3
    subplot(3,1,m)
    for j=1:L2
        w(1)=(1-alpha(j)-1);
        for k=1:L1
            x(1)=x0(k);
```

```
            for i=1:N-1
                if alpha(j)==1
                    x(i+1)=x(i)+h*(w02*x(i)-a(m)*x(i)^2-b*x(i)^3+F1(i)
                    +F2(i));
                else
                    w(i+1)=(1-(alpha(j)+1)/(i+1))*w(i);
            x(i+1)=-w(1:i)*x(i:-1:1)'+h^(alpha(j))*(w02*x(i)-a(m)
            *x(i)^2-b*x(i)^3+F1(i)+F2(i));
                end
            end
            plot(alpha(j),x(N),'.k','linewidth',2,'markersize',4)
            hold on;
        end
    end
    axis([0.2 1.8 -2 2])
    xlabel('\it\alpha','fontsize',10,'fontname','times new roman')
    ylabel('\itx\rm(10\itT\rm)','fontsize',10,'fontname',
    'times new roman')
end
gtext('(\ita\rm) \ita\rm=-0.6','fontsize',10,'fontname',
'times new roman')
gtext('(\itb\rm) \ita\rm=0', 'fontsize',10,'fontname',
'times new roman')
gtext('(\itc\rm) \ita\rm=0.6', 'fontsize',10,'fontname',
'times new roman')
```

参 考 文 献

[1] Wang J, Cao L, Wu D J. Effect on the mean first passage time in symmetrical bistable systems by cross-correlation between noises. Physics Letters A, 2003, 308(1): 23-30.

[2] Jin Y, Xu W, Xu M. Stochastic resonance in an asymmetric bistable system driven by correlated multiplicative and additive noise. Chaos, Solitons and Fractals, 2005, 26(4): 1183-1187.

[3] Kwuimy C A K, Nataraj C, Litak G. Melnikov's criteria, parametric control of chaos, and stationary chaos occurrence in systems with asymmetric potential subjected to multiscale type excitation. Chaos, 2011, 21(4): 043113.

[4]　Buckjohn C N D, Siewe M S, Tchawoua C, et al. Transition to chaos in plasma density with asymmetry double-well potential for parametric and external harmonic oscillations. International Journal of Bifurcation and Chaos, 2011, 21(07): 1879-1893.

[5]　Chizhevsky V N, Giacomelli G. Experimental and theoretical study of vibrational resonance in a bistable system with asymmetry. Physical Review E, 2006, 73(2): 022103.

[6]　Jeyakumari S, Chinnathambi V, Rajasekar S, et al. Vibrational resonance in an asymmetric Duffing oscillator. International Journal of Bifurcation and Chaos, 2011, 21(01): 275-286.

[7]　Rajasekar S, Jeyakumari S, Chinnathambi V, et al. Role of depth and location of minima of a double-well potential on vibrational resonance. Journal of Physics A: Mathematical and Theoretical, 2010, 43(46): 465101.

[8]　Guckenheimer J, Holmes P. Nonlinear Oscillations, Dynamical Systems, and Bifurcations of Vector Fields. New York: Springer, 2013.

[9]　Medio A, Lines M. Nonlinear Dynamics: A Primer. Cambridge: Cambridge University Press, 2001.

[10]　Thomsen J J. Vibrations and Stability: Advanced Theory, Analysis, and Tools. Berlin: Springer, 2013.

[11]　胡海岩. 应用非线性动力学. 北京: 航空工业出版社, 2000.

[12]　黄润生, 黄浩. 混沌及其应用. 武汉: 武汉大学出版社, 2007.

[13]　Lenci S, Rega G. Optimal control of homoclinic bifurcation: theoretical treatment and practical reduction of safe basin erosion in the Helmholtz oscillator. Journal of Vibration and Control, 2003, 9(3-4): 281-315.

[14]　Shang H, Xu J. Delayed feedbacks to control the fractal erosion of safe basins in a parametrically excited system. Chaos, Solitons and Fractals, 2009, 41(4): 1880-1896.

[15]　Thompson J M T, Stewart H B. Nonlinear Dynamics and Chaos. New York: John Wiley and Sons, 2002.

第 7 章 分数阶非线性系统的分岔转换与共振现象

本章研究非线性系统的跨临界分岔，给出数值模拟静态分岔行为的一种方法，并研究高频扰动使跨临界分岔向鞍结分岔的转化行为以及系统的非线性共振现象。

7.1 跨临界分岔

分岔分析是科学与工程领域的重要课题，分岔导致系统失稳甚至带来灾难性的后果。近年来，分数阶系统的各种分岔行为得到了广泛的研究，分数阶系统比整数阶系统有更加丰富的动力学行为 [1-9]。

研究跨临界分岔 (transcritical bifurcation) 的典型方程为 [10-12]

$$\frac{\mathrm{d}x}{\mathrm{d}t} = \mu x - x^2 \tag{7.1}$$

式中，μ 为实数，当 μ 从负值到正值变化时，发生跨临界分岔。方程 (7.1) 的势函数为 $U(x) = -\frac{1}{2}\mu x^2 + \frac{1}{3}x^3$，该势函数能够描述工程领域中支撑结构的势能 [13]。对于一些特殊的材料，采用分数阶微积分建模更准确，将方程 (7.1) 改造为

$$\frac{\mathrm{d}^\alpha x}{\mathrm{d}t^\alpha} = \mu x - x^2 \tag{7.2}$$

另一方面，工程结构常受双频激励的作用 [11,14,15]，因此考虑下列方程

$$\frac{\mathrm{d}^\alpha x}{\mathrm{d}t^\alpha} = \mu x - x^2 + f\cos(\omega t) + F\cos(\Omega t) \tag{7.3}$$

在式 (7.3) 中激励满足 $\omega \ll \Omega$。当 $\mu \neq 0$ 时，系统的势函数不同于双稳系统，该系统势函数具有一个稳定的状态和一个不稳定的状态。

跨临界分岔是典型的局部余维一分岔，在跨临界分岔点，两个平衡点相遇并且交换稳定性。跨临界分岔是连续的，在分岔点前后，总有一个稳定的平衡点分支。不考虑激励，系统的平衡点为 $x=0$ 和 $x=\mu$。如果 $\mu < 0$，则 $x=0$ 是稳定的平衡点分支。如果 $\mu > 0$，则 $x = \mu$ 是稳定的平衡点分支。$\mu=0$ 是分岔点，在该点，解的两个分支的稳定性相互交换。不考虑激励时，图 7.1 给出了参数 μ 引起的跨临界分岔的分岔图，其中 x^* 表示系统平衡点。

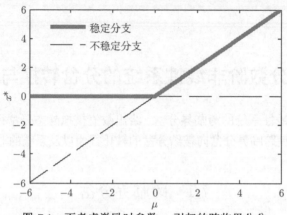

图 7.1　不考虑激励时参数 μ 引起的跨临界分岔

当不考虑外激励时，在不同的初始条件下，随着时间的增长，系统的响应逐渐收敛于稳定的平衡点。当考虑外激励时，系统响应围绕稳定的平衡点运动。如果外激励强度过大，当响应时间序列接近于不稳定的流形时会导致响应发散。在图 7.2 中，$F=0$，该图给出了低频激励在不同强度下系统 (7.3) 响应的相图。如果 $\mu < 0$，相图轨迹围绕稳定的平衡点 $x=0$ 运动，如图 7.2(a)、(c)、(e) 所示。如果 $\mu > 0$，相图轨迹围绕稳定的平衡点 $x = \mu$ 运动，如图 7.2(b)、(d)、(f) 所示。由于激励的作用，相轨迹不会收敛于稳定的平衡点并围绕平衡点运动。在该图中，阻尼阶数的值不会影响稳定平衡点的位置，当 μ 从 -4 到 4 变化时，系统发生跨临界分岔。图 7.1 和图 7.2 表达的是相同的信息。

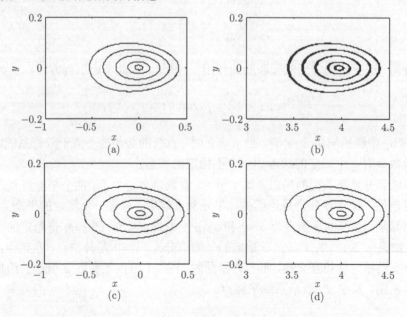

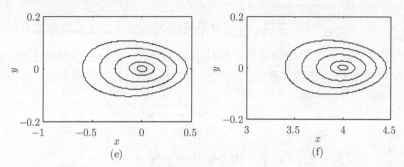

图 7.2 低频信号激励下系统 (7.3) 响应的相轨迹, (a) $\mu = -4$, α=0.5, (b) μ=4, α=0.5, (c) $\mu = -4$, α=1.0, (d) μ=4, α=1.0, (e) $\mu = -4$, α=1.5, (f) μ=4, α=1.5, 其他计算参数为$y = \mathrm{d}x/\mathrm{d}t$, F=0, ω=0.2, 每个子图中低频信号的幅值从里到外依次为 f=0.2, 0.5, 1.0, 1.5, 2.0

7.2 响应幅值增益

使用快慢变量分离法, 令 $x = X+\Psi$, X 和 Ψ 分别为周期为 $2\pi/\omega$ 和 $2\pi/\Omega$ 的慢变量和快变量, 代入系统 (7.3) 得到

$$\frac{\mathrm{d}^{\alpha} X}{\mathrm{d}t^{\alpha}} + \frac{\mathrm{d}^{\alpha} \Psi}{\mathrm{d}t^{\alpha}} = \mu X + \mu \Psi - X^2 - 2X\Psi - \Psi^2 + f\cos(\omega t) + F\cos(\Omega t) \tag{7.4}$$

在下列线性方程中寻找 Ψ 的近似解

$$\frac{\mathrm{d}^{\alpha} \Psi}{\mathrm{d}t^{\alpha}} = \mu \Psi + F\cos(\Omega t) \tag{7.5}$$

用待定系数法解方程 (7.5) 得到 Ψ 的近似解为

$$\Psi = \frac{F}{\beta}\cos(\Omega t - \theta) \tag{7.6}$$

式中,

$$\begin{cases} \beta = \sqrt{\left(\Omega^{\alpha}\cos\dfrac{\alpha\pi}{2} - \mu\right)^2 + \left(\Omega^{\alpha}\sin\dfrac{\alpha\pi}{2}\right)^2} \\ \theta = \arctan\dfrac{\Omega^{\alpha}\sin\dfrac{\alpha\pi}{2}}{\Omega^{\alpha}\cos\dfrac{\alpha\pi}{2} - \mu} \end{cases} \tag{7.7}$$

将式 (7.6) 代入式 (7.4) 并在 $[0, 2\pi/\Omega]$ 内对所有的项进行平均得到关于慢变量的方程

$$\frac{\mathrm{d}^{\alpha} X}{\mathrm{d}t^{\alpha}} = \mu X - X^2 - \frac{F^2}{2\beta^2} + f\cos(\omega t) \tag{7.8}$$

在式 (7.8) 中，$-\dfrac{F^2}{2\beta^2}$ 是常数项，对等价系统起扰动作用。在接下来的分析中将发现，这一扰动项使系统的跨临界分岔转化为鞍结分岔，使分岔类型发生转换。根据式 (7.8)，可以用解析法研究系统的分岔行为。求方程 (7.8) 的平衡点，解方程

$$\mu X - X^2 - \frac{F^2}{2\beta^2} = 0 \tag{7.9}$$

当 $\mu^2 - \dfrac{2F^2}{\beta^2} \geqslant 0$ 时，式 (7.8) 具有两个稳定的平衡点

$$X_{1,2}^* = \frac{\mu \pm \sqrt{\mu^2 - 2F^2/\beta^2}}{2} \tag{7.10}$$

否则，式 (7.8) 没有稳定的实数根。式 (7.10) 中一个平衡点是稳定的，另一个平衡点是不稳定的，分岔点发生在 $\mu^2 = \dfrac{2F^2}{\beta^2}$。

　　令 $Y = X - X^*$，其中 X^* 是稳定的平衡点，得到

$$\frac{\mathrm{d}^\alpha Y}{\mathrm{d}t^\alpha} = \omega_{\mathrm{r}} Y - Y^2 + f\cos(\omega t) \tag{7.11}$$

式中，$\omega_{\mathrm{r}} = \mu - 2X^*$。当 $t \to +\infty$ 时，在下列线性方程中寻找 Y 的近似解

$$\frac{\mathrm{d}^\alpha Y}{\mathrm{d}t^\alpha} = \omega_{\mathrm{r}} Y + f\cos(\omega t) \tag{7.12}$$

用待定系数法解式 (7.12)，得到 $Y = \dfrac{f}{A_{\mathrm{L}}}\cos(\omega t - \varphi)$，其中

$$\begin{cases} A_{\mathrm{L}} = \sqrt{\left(\omega^\alpha \cos\dfrac{\alpha\pi}{2} - \omega_{\mathrm{r}}\right)^2 + \left(\omega^\alpha \sin\dfrac{\alpha\pi}{2}\right)^2} \\ \varphi = \arctan\dfrac{\omega^\alpha \sin\dfrac{\alpha\pi}{2}}{\omega^\alpha \cos\dfrac{\alpha\pi}{2} - \omega_{\mathrm{r}}} \end{cases} \tag{7.13}$$

响应幅值增益 Q 为

$$Q = \frac{1}{\sqrt{\left(\omega^\alpha \cos\dfrac{\alpha\pi}{2} - \omega_{\mathrm{r}}\right)^2 + \left(\omega^\alpha \sin\dfrac{\alpha\pi}{2}\right)^2}} \tag{7.14}$$

当稳定的平衡点 X^* 存在时，响应幅值增益可以根据式 (7.14) 求得，当稳定平衡点 X^* 不存在时，系统响应发散，响应幅值增益不存在。

7.3 鞍结分岔

根据第 6 章的描述可知, 鞍结分岔与跨临界分岔有着本质的区别。等价系统 (7.8) 中出现了扰动项, 跨临界分岔已转换为鞍结分岔。扰动项与高频激励、系统参数、阻尼阶数都有关, 因此这些因素都是使系统从跨临界分岔向鞍结分岔转换的重要因素。

7.3.1 系统参数引起的鞍结分岔

图 7.1 表明当系统不受高频激励时, 系统参数 μ 引起跨临界分岔。当系统受两个信号激励时, 根据方程 (7.10) 可知等价系统的平衡点未必存在, 当平衡点解的分支消失时, 跨临界分岔转换为鞍结分岔。在图 7.3 中, 根据解析预测的结果给出了

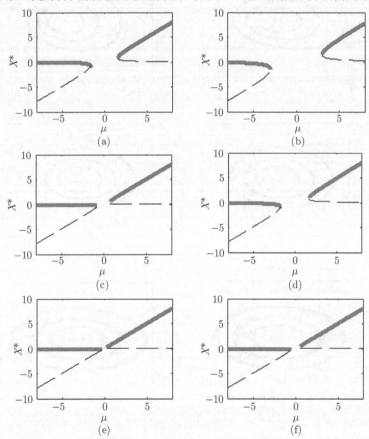

图 7.3 系统参数 μ 引起的鞍结分岔, $\Omega=10$, (a) $\alpha=0.5$, $F=5$, (b) $\alpha=0.5$, $F=12$, (c) $\alpha=1.0$, $F=5$, (a) $\alpha=1.0$, $F=12$, (a) $\alpha=1.5$, $F=5$, (a) $\alpha=1.5$, $F=12$, 连续线表示平衡点的稳定分支, 虚线表示平衡点的不稳定分支

系统参数 μ 引起的鞍结分岔, 每个子图中都出现了两个鞍结分岔点。在每个子图中, 左侧的分岔点是两个解分支结束的汇合点, 右侧的分岔点是两个解分支开始的汇合点。在两个分岔点之间, 出现了不连续的区域, μ 位于在这一区域时, 系统的响应是发散的。这些子图还表明, α 越大, 两分岔点之间的不连续区域越小, F 越大, 两分岔点之间的不连续区域越大。图 7.3 中的分岔图与图 7.1 中的分岔图有本质的区别, 图 7.1 中是连续的跨临界分岔, 图 7.3 是不连续的鞍结分岔。高频激励引起系统分岔行为的质变。

在图 7.4 中, 给出了不同仿真参数下系统响应的相轨迹。在该图中, 无论 μ 为负值还是正值, 相轨迹总是围绕唯一稳定的平衡点运动。随着阻尼阶数的增大, 系

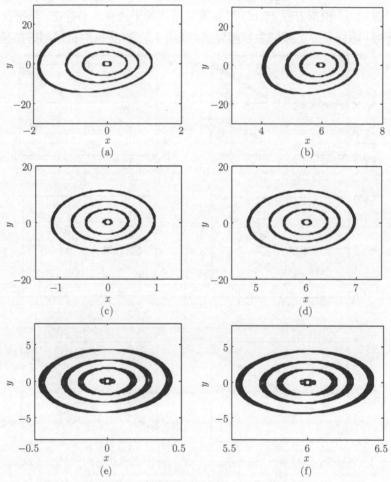

图 7.4　两个信号激励下系统 (7.3) 的相轨迹, (a) $\mu = -6$, α=0.5, (b) μ=6, α=0.5, (c) $\mu = -6$, α=1.0, (d) μ=6, α=1.0, (e) $\mu = -6$, α=1.5, (f) μ=6, α=1.5, 其他计算参数为 $y = \mathrm{d}x/\mathrm{d}t$, f=0.1, ω=1, Ω=10, 每个子图中高频信号的幅值从里到外依次为 F=1, 5, 8, 12

统响应轨迹呈现的极限环增大。随着 F 的增大，系统响应轨迹呈现的极限环也增大。根据方程 (7.10)，在这些仿真参数下，等价系统稳定的平衡点总是存在的。因此，稳定的相轨迹也总是存在的。

除了图 7.3 中分岔图的解析预测，还可以通过数值模拟法来模拟系统的平衡点分岔。选择初始条件对系统响应时间序列进行计算，如果稳定的平衡点存在，则响应总是有接近于稳定中心流形的趋势，由于激励项的存在，相轨迹围绕稳定的平衡点运动，系统响应不发散。如果稳定的平衡点不存在，系统响应迅速地发散。基于这一事实，当计算时间足够长时，记录下在某一确定时间点系统响应的值，借此可以推测稳定平衡点存在与否。根据这一数值计算方法，阻尼阶数取值不同时，在图 7.5 中给出了系统参数 μ 引起的分岔图。图 7.5 中 $T = \dfrac{60\pi}{\omega}$，本章所有分岔图，均选取 $T = \dfrac{60\pi}{\omega}$。当 $F=0$ 时，分岔图是连续的，分岔为跨临界分岔。当 $F \neq 0$ 时，系统的分岔是鞍结分岔。图 7.5 中的数值结果与图 7.3 中的解析预测结果存在比较小的误差，分岔点的数值结果比解析结果稍小，误差范围在允许范围内。造成误差的原因是由于高频激励的存在，系统响应总是偏离稳定的中心流形。当系统参数从负值到正值变化时，发生了两次鞍结分岔。图 7.5 的 MATLAB 仿真程序，见 7.5 节。

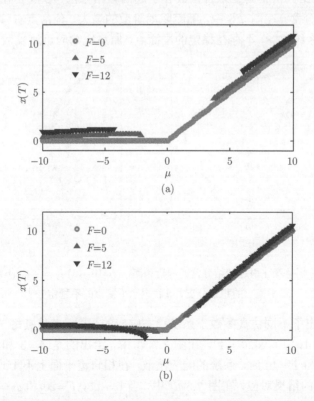

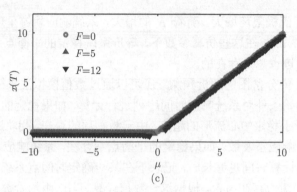

图 7.5　数值模拟系统参数 μ 引起的跨临界分岔与鞍结分岔, (a) $\alpha=0.5$, (b) $\alpha=1.0$,
(c) $\alpha=1.5$, 其他计算参数为 $f=0.01$, $\omega=1$, $\Omega=10$

7.3.2　高频激励引起的鞍结分岔

在图 7.6 中, 根据解析预测结果, 给出了高频激励信号幅值引起的鞍结分岔。随着 F 的增大, 对于一个确定的阻尼阶数, 都会发生一次鞍结分岔。高频信号幅值 F 引起的鞍结分岔不同于系统参数 μ 引起的鞍结分岔, 参数 μ 在变化的过程中引起两次鞍结分岔。在图 7.6 中, 随着阻尼阶数的增大, 分岔点右移。当越过分岔点之后, 等价系统 (7.8) 不存在稳定的平衡点, 原系统响应迅速发散。

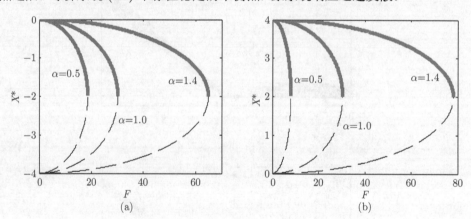

图 7.6　高频信号幅值变化引起鞍结分岔的解析预测, $\Omega=10$, (a) $\mu=-4$, (b) $\mu=4$, 连续线表示平衡点的稳定分支, 虚线表示平衡点的不稳定分支

图 7.7 给出了不同仿真参数下系统稳态响应的相图。在仿真每一个子图时, 分别取 $F=3$, $F=10$, $F=20$, $F=40$。在图 7.7(a) 中, 给出的是 $F=3$ 和 $F=10$ 的相轨迹, 当 $F=20$ 和 $F=40$ 时, 系统的响应发散, 在相轨迹平面上不予画出。图 7.7(a) 和图 7.6(a) 中的结果对应, 在图 7.6(a) 中, 当 $\alpha=0.5$, $F=20$ 和 $F=40$ 时, 等价系

统不存在稳定的平衡点。因此，对于这两种情况，系统响应也不存在稳定的流形，这使得系统响应迅速发散。因为相同的原因，对图 7.7(b) 中 F=10、20、40 的情况，图 7.7(c) 和图 7.7(d) 中 F=40 的情况，系统响应发散，相平面上没有对应的相轨迹。在图 7.7(e) 和图 7.7(f) 中，对于 F=3、10、20、40 的情况，相平面上都存在稳定的相轨迹，这与图 7.6 相对应，对于图 7.7(e) 和图 7.7(f) 的情况，等价系统存在稳定的平衡点。相轨迹是研究稳定平衡点存在性的辅助工具。

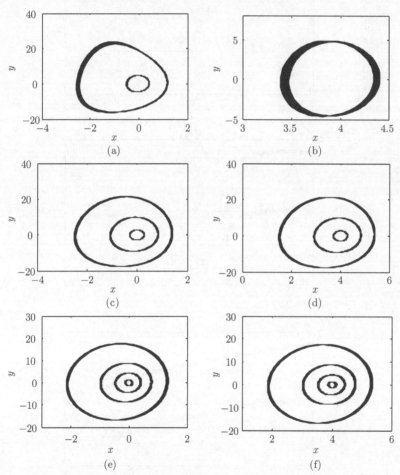

图 7.7 两个信号激励下系统 (7.3) 的相轨迹, (a) $\mu = -4$, α=0.5, (b) μ=4, α=0.5, (c) $\mu = -4$, α=1.0, (d) μ=4, α=1.0, (e) $\mu = -4$, α=1.4, (f) μ=4, α=1.4, 其他计算参数为 $y = \mathrm{d}x/\mathrm{d}t$, f=0.1, ω=1, Ω=10, 每个子图中高频信号的幅值从里到外依次为 F=3、10、20、40, 图 (a) 中 F=20 和 40, 图 (b) 中 F=10、20、40, 图 (c) 和图 (d) 中 F=40 的情况系统响应发散

在图 7.8 中，利用数值仿真模拟了系统的分岔现象。当激励幅值 F 大于分岔

值时，系统响应发散。图 7.8 中的数值结果与图 7.6 中的解析预测结果近似相等。在图 7.8 中，再一次验证了鞍结分岔的不连续性。从图 7.6 和图 7.8 中都发现，对于较大的 α 值，控制参数 F 对应较大的分岔点临界值。

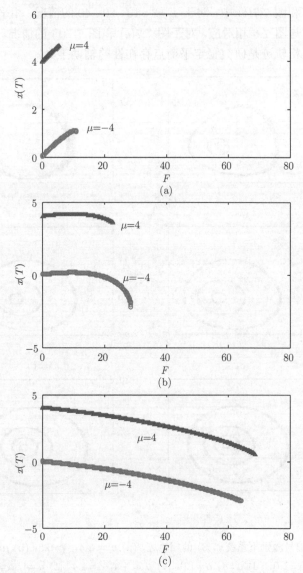

图 7.8　数值模拟高频激励信号幅值引起的鞍结分岔，(a) α=0.5，(b) α=1.0，(c) α=1.4，其他计算参数为 f=0.01，ω=1，Ω=10

在图 7.9 和图 7.10 中，分别用解析预测和数值模拟给出了阻尼阶数 α 引起的鞍结分岔。随着阻尼阶数 α 的增大，在分岔点处出现了稳定的平衡点分支。在

图 7.9 和图 7.10 中，随着 F 的增大，分岔点 α 的值变大。在方程 (7.10) 中可知，阻尼阶数 α 是引起鞍结分岔的重要因素。当其他参数确定时，对于较大的 α 值，等价系统的稳定平衡点更易存在。阻尼阶数变化引起超临界意义上的鞍结分岔。

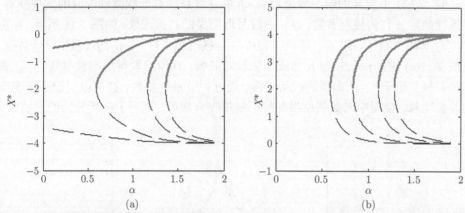

图 7.9　解析预测阻尼阶数 α 引起的鞍结分岔，$\Omega{=}10$, (a) $\mu=-4$, (b) $\mu{=}4$, 在每幅子图中从左至右 $F{=}10,\ 20,\ 40,\ 60$，连续线表示平衡点的稳定分支，虚线表示平衡点的不稳定分支

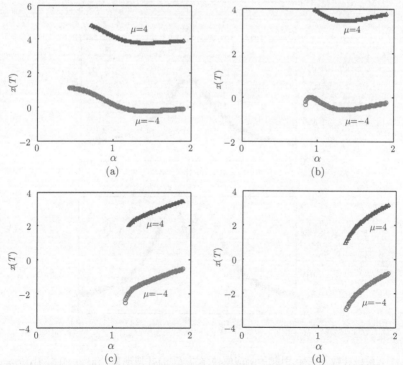

图 7.10　数值模拟阻尼阶数 α 引起的鞍结分岔，(a) $F{=}10$, (b) $F{=}20$, (c) $F{=}40$, (d)$F{=}60$，其他计算参数为 $f{=}0.01$, $\omega{=}1$, $\Omega{=}10$

7.4　共 振 分 析

式 (7.14) 中定义的响应幅值增益 Q 是度量系统对低频激励响应的重要指标。以系统参数 μ 作为控制参数，Q-μ 曲线呈现明显的共振现象，如图 7.11 所示。在图 7.11(a) 和图 7.11(b) 中，$\alpha=0.5$，$\alpha=1.0$，当 μ 接近原点时，Q-μ 曲线发生单峰共振。在图 7.11(c) 中，$\alpha=1.5$，Q-μ 曲线发生双峰共振，在原点取得局部最小值。Q-μ 曲线的共振类似于 Q-F 曲线的振动共振，通过调节系统参数，也可以引起系统响应的共振现象。该图中的数值结果与解析结果吻合较好，证明了解析分析的正确性。

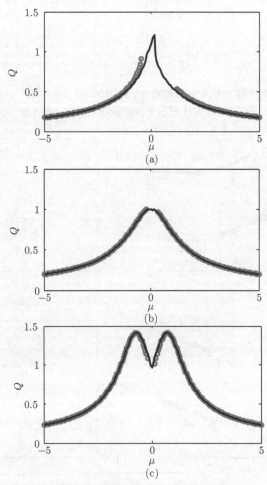

图 7.11　系统参数 μ 变化引起的响应幅值增益 Q 的共振现象，(a) $\alpha=0.5$，(b) $\alpha=1.0$，(c) $\alpha=1.5$，其他计算参数为 $f=0.1$，$\omega=1$，$F=1$，$\Omega=10$，连续的实线表示解析解，离散的圆圈表示数值解

在图 7.12 中，给出了高频激励幅值变化引起的响应幅值增益变化规律。在该图中，没有振动共振现象发生，这说明本章所研究的系统与第 4 章的双稳系统、第 5 章的参激双稳系统、第 6 章的非对称双稳系统不同，不会引起振动共振现象。也就是说，随着 F 的增大，没有共振现象发生。在该图中，当其他参数固定时，对于较小的 α 值响应幅值增益 Q 在较小的 F 值时就会发散，这是因为在图 7.6 中对于较小的 α 值，稳定的平衡点在较小的 F 值时 X^* 就会消失，图 7.8 中也表明了这种发散行为。图 7.12 表明，通过高频激励难以实现共振行为。

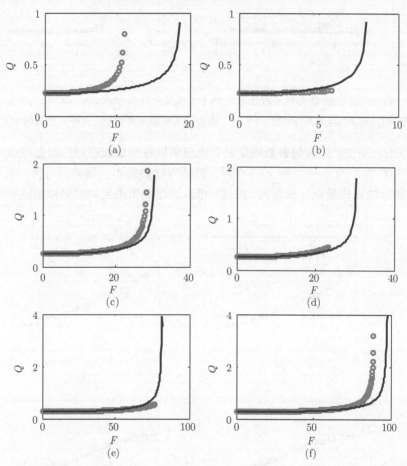

图 7.12　响应幅值增益 Q 与高频激励幅值 F 之间无共振行为呈现，(a) $\alpha{=}0.5$, $\mu = -4$, (b) $\alpha{=}0.5$, $\mu{=}4$, (c) $\alpha{=}1.0$, $\mu = -4$, (d) $\alpha{=}1.0$, $\mu{=}4$, (e) $\alpha{=}1.5$, $\mu = -4$, (f) $\alpha{=}1.5$, $\mu{=}4$, 其他计算参数为 $f{=}0.1$, $\omega{=}0.5$, $\Omega{=}10$, 连续的实线表示解析解，离散的圆圈表示数值解

图 7.13 给出了系统响应幅值增益 Q 与阻尼阶数 α 之间的函数关系。随着阻尼阶数 α 的增大，响应幅值增益 Q 逐渐减小。当阻尼阶数 α 较小时，系统响应发

散。虽然响应幅值增益 Q 与阻尼阶数 α 之间呈现非线性关系，但无共振行为。

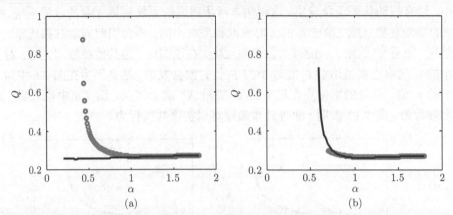

(a)　　　　　　　　　　　　　　(b)

图 7.13　响应幅值增益 Q 与阻尼阶数 α 之间不呈现共振行为，(a) $\mu = -4$，(b) $\mu=4$，其他计算参数为 $f=0.1$，$\omega=0.5$，$F=10$，$\Omega=10$，连续的实线表示解析解，离散的圆圈表示数值解

　　在图 7.14 中，当其他参数固定时，响应幅频特性曲线在阻尼阶数取值较大时呈现共振行为。当 $\alpha=0.7$ 和 $\alpha=1.0$ 时，幅频特性曲线不呈现共振行为。当 $\alpha=1.5$ 时，幅频特性曲线呈现共振行为。因此，可以通过调节阻尼阶数来控制幅频特性曲线上的共振行为。

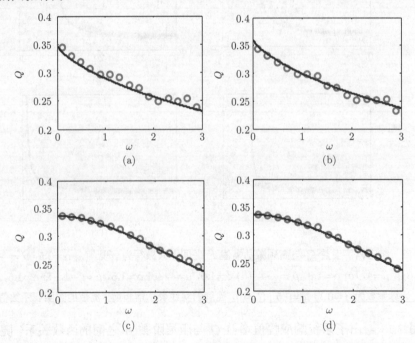

(a)　　　　　　　　　　　　　　(b)

(c)　　　　　　　　　　　　　　(d)

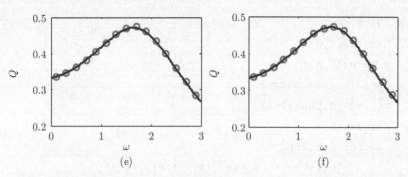

图 7.14 阻尼阶数 α 对响应幅频特性的影响规律, (a) α=0.7, $\mu = -3$, (b) α=0.7, μ=3, (c) α=1.0, $\mu = -3$, (d) α=1.0, μ=3, (e) α=1.5, $\mu = -3$, (f) α=1.5, μ=3, 其他计算参数为 f=0.1, F=6, Ω=20, 连续的实线表示解析解, 离散的圆圈表示数值解

7.5 本章重要图形的 MATLAB 仿真程序

图 7.5 的 MATLAB 仿真程序:

```
clear all;
close all;
clc;
A1=0.01;
A2=[0 5 12];
omega1=1;
omega2=10;    %高频信号频率
mu=-10:0.1:10;
L=length(mu);
fs=100;
h=1/fs;
N=round(30*fs*2*pi/omega1);    %采样点数
n=0:N-1;
t=n/fs;
F1=A1*cos(omega1.*t);
alpha=[0.5 1 1.5];    %阻尼项的阶数
w=ones(1,N);
for j=1:3
    subplot(3,1,j)
```

```
    for k=1:3
        x=zeros(1,N);
        y=zeros(1,N);
        F2=A2(k)*cos(omega2.*t);
        w(1)=(1-alpha(j)-1);
        for m=1:L
            for i=1:N-1
                w(i+1)=(1-(alpha(j)+1)/(i+1))*w(i);
                x(i+1)=-w(1:i)*x(i:-1:1)'+h^alpha(j)*(mu(m)*x(i)
                -x(i)^2+F1(i)+F2(i));
            end
            XN(k,m)=x(N);
        end
        if k==1
            plot(mu,XN(k,:),'or','markersize',4)
            hold on;
        elseif k==2
            plot(mu,XN(k,:),'^b','markersize',4)
            hold on;
        else
            plot(mu,XN(k,:),'vk','markersize',4)
        end
    end
        legend('\itF\rm=0','\itF\rm=5','\itF\rm=12','fontsize',10,
        'fontname','times new roman')
        axis([-10 10 -1 12])
        xlabel('\it\mu','fontsize',12,'fontname','times new roman')
        ylabel('\itx\rm(\itT\rm)','fontsize',12,'fontname',
        'times new roman')
end
gtext('(a)\it\alpha\rm=0.5','fontsize',10,'fontname','times new roman')
gtext('(b)\it\alpha\rm=1.0','fontsize',10,'fontname','times new roman')
gtext('(c)\it\alpha\rm=1.5','fontsize',10,'fontname','times new roman')
```

参 考 文 献

[1] Wu G C, Baleanu D, Zeng S D. Discrete chaos in fractional sine and standard maps. Physics Letters A, 2014, 378(5): 484-487.

[2] Wu G C, Baleanu D. Discrete fractional logistic map and its chaos. Nonlinear Dynamics, 2014, 75(1-2): 283-287.

[3] Wu G C, Baleanu D. Discrete chaos in fractional delayed logistic maps. Nonlinear Dynamics, 2015, 80(4): 1697-1703.

[4] Syta A, Litak G, Lenci S, et al. Chaotic vibrations of the duffing system with fractional damping. Chaos, 2014, 24(1): 013107.

[5] Cao J, Ma C, Xie H, et al. Nonlinear dynamics of duffing system with fractional order damping. Journal of Computational and Nonlinear Dynamics, 2010, 5(4): 041012.

[6] El-Saka H A, Ahmed E, Shehata M I, et al. On stability, persistence, and Hopf bifurcation in fractional order dynamical systems. Nonlinear Dynamics, 2009, 56(1-2): 121-126.

[7] Babakhani A, Baleanu D, Khanbabaie R. Hopf bifurcation for a class of fractional differential equations with delay. Nonlinear Dynamics, 2012, 69(3): 721-729.

[8] Abdelouahab M S, Hamri N E, Wang J. Hopf bifurcation and chaos in fractional-order modified hybrid optical system. Nonlinear Dynamics, 2012, 69(1-2): 275-284.

[9] Sun K, Wang X, Sprott J C. Bifurcations and chaos in fractional-order simplified Lorenz system. International Journal of Bifurcation and Chaos, 2010, 20(04): 1209-1219.

[10] Guckenheimer J, Holmes P. Nonlinear Oscillations, Dynamical Systems, and Bifurcations of Vector Fields. New York: Springer-Verlag, 2002.

[11] Thomsen J J. Vibrations and Stability: Advanced Theory, Analysis, and Tools. Berlin Heidelberg: Springer-Verlag, 2003.

[12] Medio A, Lines M. Nonlinear Dynamics: A Primer. Cambridge: Cambridge University Press, 2001.

[13] 刘秉正, 彭建华. 非线性动力学. 北京: 高等教育出版社, 2004.

[14] Blekhman I I. Vibrational Mechanics: Nonlinear Dynamic Effects, General Approach, Applications. Singapore: World Scientific, 2000.

[15] Blekhman I I. Selected Topics in Vibrational Mechanics. Singapore: World Scientific, 2003.

第8章　高频激励下分数阶非线性系统的变尺度振动共振

根据系统的频响特性，当激励频率非常高时，系统的响应幅值则非常小。在工程领域，尤其是在信号分析领域，有用的特征信号频率往往较高，这就限制了振动共振在工程中的应用。本章提出一种变尺度振动共振方法，通过这种方法，能够放大任意频率的信号。

8.1　理论分析

基于非线性系统的共振原理可以恢复微弱低频特征信号，比如基于随机共振 [1] 与振动共振 [2] 原理对微弱特征信号的检测。经典的随机共振现象只能处理低频信号，对于高频特征信号，研究人员提出了"变尺度随机共振"(rescaling stochastic resonance)[3]、"移频技术" [4]、"二次采样技术" [5] 等新的随机共振理论，用以处理高频特征信号。基于振动共振原理，目前仍然只能处理低频特征信号。受变尺度随机共振理论的启发，本章提出"变尺度振动共振"(rescaling vibrational resonance)理论。

8.1.1　过阻尼分数阶 Duffing 系统

研究如下形式的过阻尼分数阶 Duffing 系统

$$\frac{\mathrm{d}^{\alpha} x(t)}{\mathrm{d}t^{\alpha}} + ax(t) + bx^3(t) = f\cos(\omega t) + F\cos(\Omega t) \tag{8.1}$$

式中，$f\cos(\omega t)$ 是任意频率的特征信号，$F\cos(\Omega t)$ 是高频辅助信号，$\Omega \gg \omega$。系统 (8.1) 的势函数为 $V(x) = \frac{a}{2}x^2 + \frac{b}{4}x^4$，当 $a < 0$，$b > 0$ 时，势函数具有双稳形状。当 $a > 0$，$b > 0$ 时，势函数具有单稳形状。

令 $\tau = \beta t$，$x(t) = z(\tau)$，β 是变尺度系数，根据式 (1.7) 得到

$$\frac{\mathrm{d}^{\alpha} z(\tau)}{\mathrm{d}\tau^{\alpha}} + \frac{a}{\beta^{\alpha}} z(\tau) + \frac{b}{\beta^{\alpha}} z^3(\tau) = \frac{f}{\beta^{\alpha}}\cos\left(\omega\frac{\tau}{\beta}\right) + \frac{F}{\beta^{\alpha}}\cos\left(\Omega\frac{\tau}{\beta}\right) \tag{8.2}$$

方程 (8.2) 与方程 (8.1) 具有相同的动力学性质。一方面，方程 (8.2) 中的 $\frac{a}{\beta^{\alpha}}$ 和

$\dfrac{b}{\beta^\alpha}$ 与方程 (8.1) 中的 a 和 b 具有相同的量级, 则系统 (8.2) 具有相同的响应幅值。另一方面, 与原信号相比, 方程 (8.2) 中的信号幅值变为原来的 $\dfrac{1}{\beta^\alpha}$ 倍。因此, 在变尺度系统中, 需要将信号恢复到原来的幅值大小, 将方程 (8.2) 进一步写为

$$\frac{\mathrm{d}^\alpha z(\tau)}{\mathrm{d}\tau^\alpha} + \frac{a}{\beta^\alpha} z(\tau) + \frac{b}{\beta^\alpha} z^3(\tau) = f\cos\left(\omega\frac{\tau}{\beta}\right) + F\cos\left(\Omega\frac{\tau}{\beta}\right) \tag{8.3}$$

令 $a_1 = \dfrac{a}{\beta^\alpha}$, $b_1 = \dfrac{b}{\beta^\alpha}$, $\omega_1 = \dfrac{\omega}{\beta}$, $\Omega_1 = \dfrac{\Omega}{\beta}$, 方程 (8.3) 变为

$$\frac{\mathrm{d}^\alpha z(\tau)}{\mathrm{d}\tau^\alpha} + a_1 z(\tau) + b_1 z^3(\tau) = f\cos(\omega_1\tau) + F\cos(\Omega_1\tau) \tag{8.4}$$

根据前述研究成果, 在系统 (8.4) 中可以发生振动共振现象。这种变尺度分析方法已在随机共振的研究中得到了成功应用 [4,6-8]。

利用快慢变量分离法进一步分析方程 (8.4), 令 $z = Z + \Psi$, 其中 Z 和 Ψ 是周期为 $2\pi/\omega$ 和 $2\pi/\Omega$ 的慢变量和快变量, 得到

$$\frac{\mathrm{d}^\alpha Z}{\mathrm{d}\tau^\alpha} + \frac{\mathrm{d}^\alpha \Psi}{\mathrm{d}\tau^\alpha} + a_1 Z + a_1 \Psi + b_1 Z^3 + 3b_1 Z^2\Psi + 3b_1 Z\Psi^2 + b_1\Psi^3$$
$$= f\cos(\omega_1\tau) + F\cos(\Omega_1\tau) \tag{8.5}$$

在下列线性方程中寻找 Ψ 的近似解

$$\frac{\mathrm{d}^\alpha \Psi}{\mathrm{d}\tau^\alpha} + a_1\Psi = F\cos(\Omega_1\tau) \tag{8.6}$$

令方程的解为

$$\Psi = \frac{F}{\mu}\cos(\Omega_1\tau - \theta) \tag{8.7}$$

式中,

$$\begin{cases} \mu = \sqrt{\left(a_1 + \Omega_1^\alpha \cos\dfrac{\alpha\pi}{2}\right)^2 + \left(\Omega_1^\alpha \sin\dfrac{\alpha\pi}{2}\right)^2} \\[4mm] \theta = \arctan\dfrac{\Omega_1^\alpha \sin\dfrac{\alpha\pi}{2}}{a_1 + \Omega_1^\alpha \cos\dfrac{\alpha\pi}{2}} \end{cases} \tag{8.8}$$

将式 (8.7) 代入方程 (8.5), 并在 $[0, 2\pi/\Omega_1]$ 内积分, 得到

$$\frac{\mathrm{d}^\alpha Z}{\mathrm{d}\tau^\alpha} + \gamma Z + b_1 Z^3 = f\cos(\omega_1\tau) \tag{8.9}$$

式中，$\gamma = a_1 + \dfrac{3b_1 F^2}{2\mu^2}$。如果 $f = 0$，式 (8.9) 的平衡点为

$$Z_0^* = 0, \quad Z_\pm^* = \pm\sqrt{-\frac{\gamma}{b_1}} \tag{8.10}$$

当 $\gamma < 0$ 时，式 (8.9) 有两个稳定的平衡点 $Z_\pm^* = \pm\sqrt{-\dfrac{\gamma}{b_1}}$ 和一个不稳定的平衡点 $Z_0^* = 0$。当 $\gamma \geqslant 0$ 时，式 (8.9) 仅有一个稳定的平衡点 $Z_0^* = 0$。式 (8.9) 的平衡点与 γ 相关，进一步的，γ 与参数 a，b，F，Ω，α 以及 β 相关，这些参数影响系统响应的分岔与共振行为。

研究等价系统 (8.9) 在频率 ω_1 处的响应，令 $y = Z - Z^*$，其中 Z^* 是式 (8.10) 中的稳定平衡点

$$\frac{\mathrm{d}^\alpha Y}{\mathrm{d}\tau^\alpha} + \omega_{\mathrm{r}}^2 Y + 3b_1 Z^* Y + b_1 Y^3 = f\cos(\omega_1\tau) \tag{8.11}$$

式中，$\omega_{\mathrm{r}}^2 = \gamma + 3b_1 Z^{*2}$。在下列线性方程中寻找 Y 的近似解

$$\frac{\mathrm{d}^\alpha Y}{\mathrm{d}t^\alpha} + \omega_{\mathrm{r}}^2 Y = f\cos(\omega_1\tau) \tag{8.12}$$

当 $t \to +\infty$ 时，方程 (8.12) 的稳态解为

$$Y = A_{\mathrm{L}}\cos(\omega_1\tau - \varphi) \tag{8.13}$$

式中，

$$\begin{cases} A_{\mathrm{L}} = \dfrac{f}{\sqrt{\left(\omega_{\mathrm{r}}^2 + \omega_1^\alpha \cos\dfrac{\alpha\pi}{2}\right)^2 + \left(\omega_1^\alpha \sin\dfrac{\alpha\pi}{2}\right)^2}} \\[4mm] \varphi = \arctan\dfrac{\omega_1^\alpha \sin\dfrac{\alpha\pi}{2}}{\omega_{\mathrm{r}}^2 + \omega_1^\alpha \cos\dfrac{\alpha\pi}{2}} \end{cases} \tag{8.14}$$

系统的响应幅值增益为

$$Q = \frac{A_{\mathrm{L}}}{f} = \frac{1}{\sqrt{\left(\omega_{\mathrm{r}}^2 + \omega_1^\alpha \cos\dfrac{\alpha\pi}{2}\right)^2 + \left(\omega_1^\alpha \sin\dfrac{\alpha\pi}{2}\right)^2}} \tag{8.15}$$

8.1.2　欠阻尼分数阶 Duffing 系统

欠阻尼形式的分数阶 Duffing 系统如下

$$\frac{\mathrm{d}^2 x}{\mathrm{d}t^2} + \delta\frac{\mathrm{d}^\alpha x(t)}{\mathrm{d}t^\alpha} + ax(t) + bx^3(t) = f\cos(\omega t) + F\cos(\Omega t) \tag{8.16}$$

参数 δ 是分数阶阻尼的阻尼系数，其余参数选取与方程 (8.1) 相同。令 $\tau = \beta t$，$x(t) = z(\tau)$，得到

$$\frac{\mathrm{d}^2 z(\tau)}{\mathrm{d}\tau^2} + \frac{\delta \beta^\alpha}{\beta^2} \frac{\mathrm{d}^\alpha z(\tau)}{\mathrm{d}t^\alpha} + \frac{a}{\beta^2} z(\tau) + \frac{b}{\beta^2} z^3(\tau) = \frac{f}{\beta^2} \cos(\omega\tau) + \frac{F}{\beta^2} \cos(\Omega\tau) \qquad (8.17)$$

将阻尼力及外激励恢复到原系统中的幅值大小，得到

$$\frac{\mathrm{d}^2 z(\tau)}{\mathrm{d}\tau^2} + \delta \frac{\mathrm{d}^\alpha z(\tau)}{\mathrm{d}t^\alpha} + a_1 z(\tau) + b_1 z^3(\tau) = f \cos(\omega\tau) + F \cos(\Omega\tau) \qquad (8.18)$$

式中，$a_1 = \dfrac{a}{\beta^2}$，$b_1 = \dfrac{b}{\beta^2}$。令 $z = Z + \Psi$，代入式 (8.18) 得到

$$\frac{\mathrm{d}^2 Z}{\mathrm{d}\tau^2} + \frac{\mathrm{d}^2 \Psi}{\mathrm{d}\tau^2} + \delta \frac{\mathrm{d}^\alpha Z}{\mathrm{d}\tau^\alpha} + \delta \frac{\mathrm{d}^\alpha \Psi}{\mathrm{d}\tau^\alpha} + a_1 Z + a_1 \Psi + b_1 Z^3 + 3b_1 Z^2 \Psi + 3b_1 Z\Psi^2 + b_1 \Psi^3$$

$$= f \cos(\omega_1 \tau) + F \cos(\Omega_1 \tau)$$

$$(8.19)$$

在下列线性方程中寻找 Ψ 的近似解

$$\frac{\mathrm{d}^2 \Psi}{\mathrm{d}\tau^2} + \delta \frac{\mathrm{d}^\alpha \Psi}{\mathrm{d}\tau^\alpha} + a_1 \Psi = F \cos(\Omega_1 \tau) \qquad (8.20)$$

令式 (8.20) 的解为

$$\Psi = \frac{F}{\mu} \cos(\Omega_1 \tau - \theta) \qquad (8.21)$$

用待定系数法得到

$$\begin{cases} \mu = \sqrt{\left(a_1 + \delta \Omega_1^\alpha \cos \dfrac{\alpha\pi}{2} - \Omega_1^2\right)^2 + \left(\delta \Omega_1^\alpha \sin \dfrac{\alpha\pi}{2}\right)^2} \\[3mm] \theta = \arctan \dfrac{\delta \Omega_1^\alpha \sin \dfrac{\alpha\pi}{2}}{a_1 + \delta \Omega_1^\alpha \cos \dfrac{\alpha\pi}{2} - \Omega_1^2} \end{cases} \qquad (8.22)$$

将式 (8.21) 代入式 (8.19)，并在 $[0, 2\pi/\Omega_1]$ 内进行积分，得到

$$\frac{\mathrm{d}^2 Z}{\mathrm{d}\tau^2} + \delta \frac{\mathrm{d}Z}{\mathrm{d}\tau} + \gamma Z + b_1 Z^3 = f \cos(\omega_1 \tau) \qquad (8.23)$$

式中，$\gamma = a_1 + \dfrac{3b_1 F^2}{2\mu^2}$，式 (8.23) 的等价平衡点 X^* 仍以式 (8.10) 表示。令 $Y = Z - Z^*$ 得到

$$\frac{\mathrm{d}^2 Y}{\mathrm{d}\tau^2} + \delta \frac{\mathrm{d}^\alpha Y}{\mathrm{d}\tau^\alpha} + \omega_\mathrm{r}^2 Y + 3b_1 Z^* Y^2 + b_1 Y^3 = f\cos(\omega_1\tau) \tag{8.24}$$

式中，$\omega_\mathrm{r}^2 = \gamma + 3b_1 Z^{*2}$。在下列线性方程中寻找 Y 的近似解

$$\frac{\mathrm{d}^2 Y}{\mathrm{d}\tau^2} + \delta \frac{\mathrm{d}^\alpha Y}{\mathrm{d}\tau^\alpha} + \omega_\mathrm{r}^2 Y = f\cos(\omega_1\tau) \tag{8.25}$$

令 Y 的稳态解为

$$Y = A_\mathrm{L}\cos(\omega_1\tau - \varphi) \tag{8.26}$$

利用待定系数法得到

$$\begin{cases} A_\mathrm{L} = \dfrac{f}{\sqrt{\left[\omega_\mathrm{r}^2 - \left(\omega_1^2 - \delta\omega_1^\alpha\cos\dfrac{\alpha\pi}{2}\right)\right]^2 + \left(\delta\omega_1^\alpha\sin\dfrac{\alpha\pi}{2}\right)^2}} \\[3em] \varphi = \arctan\dfrac{\delta\omega_1^\alpha\sin\dfrac{\alpha\pi}{2}}{\omega_\mathrm{r}^2 - \left(\omega_1^2 - \delta\omega_1^\alpha\cos\dfrac{\alpha\pi}{2}\right)} \end{cases} \tag{8.27}$$

系统的响应幅值增益为

$$Q = \frac{1}{\sqrt{\left[\omega_\mathrm{r}^2 - \left(\omega_1^2 - \delta\omega_1^\alpha\cos\dfrac{\alpha\pi}{2}\right)\right]^2 + \left(\delta\omega_1^\alpha\sin\dfrac{\alpha\pi}{2}\right)^2}} \tag{8.28}$$

8.2　数值模拟

数值模拟系统 (8.1) 和系统 (8.11) 的振动共振时，应该先将输入信号进行放大，信号的放大倍数为 β^α 倍

$$\frac{\mathrm{d}^\alpha x(t)}{\mathrm{d}t^\alpha} + ax(t) + bx^3(t) = \beta^\alpha f\cos(\omega t) + \beta^\alpha F\cos(\Omega t) \tag{8.29}$$

和

$$\frac{\mathrm{d}^2 x}{\mathrm{d}t^2} + \beta^{2-\alpha}\delta\frac{\mathrm{d}^\alpha x(t)}{\mathrm{d}t^\alpha} + ax(t) + bx^3(t) = \beta^2 f\cos(\omega t) + \beta^2 F\cos(\Omega t) \tag{8.30}$$

令 $\Omega = \beta_1\omega$，$\beta = \beta_2\omega$，$\omega_1 = \dfrac{\omega}{\beta} = \dfrac{1}{\beta_2}$，$\Omega_1 = \dfrac{\Omega}{\beta} = \dfrac{\beta_1}{\beta_2}$，如果变尺度系数 $\beta=1$，则变尺度系统退化为原系统。对于过阻尼系统的情况，图 8.1 基于解析结果给出了在 $\beta=1$ 时的响应幅值增益 Q 与 F 和 α 之间的关系。在该图中，Q-F 曲线不呈现振动共振现象。虽然阻尼阶数 α 的变化引起振动共振现象，但即使在峰值位置响应幅值增益的值仍然比较小，系统响应不会呈现共振现象。因此，使用系统 (8.1) 不能增强微弱高频特征信号。

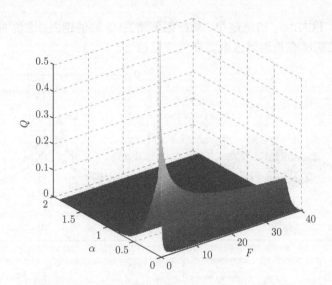

图 8.1 特征信号频率 ω 处响应幅值增益 Q 解析解的三维图形，计算参数为
$\omega=1500$，$f=0.01$，$\beta_1=40$，$\beta=1$，$a_1=-1$，$b_1=1$

8.2.1 过阻尼分数阶 Duffing 系统

在图 8.2 中，给出了阻尼阶数 α 取值不同时，辅助信号增强微弱高频特征信号的情况。在图 8.2 (a) 中，根据解析解给出了响应幅值增益 Q 与阻尼阶数 α 和辅助信号 F 之间函数关系的三维图形。在图 8.2 (a) 中，阻尼阶数 α 和辅助信号都能引起强烈的共振，能够借此增强微弱高频特征信号。为验证解析结果分析的正确性，图 8.2 (b)~图 8.2 (f) 中给出了阻尼阶数取值不同时，数值模拟与解析分析的对比结果。值得注意的是，解析结果描述的是变尺度系统中的振动共振现象，数值结果描述的是原系统中的振动共振现象。在这些图形中，解析结果和数值结果吻合较好，这证明了原系统与变尺度系统的等价性，也证明了解析分析方法的有效性。在图 8.2 中，以 F 为控制参数，随着阻尼阶数 α 的增大，共振发生的位置以及共振峰值都增大。该图表明，分数阶系统能够增强微弱高频特征信号，尤其是对 $\alpha > 1$ 的情况，共振尤为强烈。随着阻尼阶数 α 的增大，Q-F 曲线由单峰共振变成双峰共振，作者将这种振动共振命名为变尺度振动共振。变尺度振动共振与经典的振动共振具有相同的性质，本章不再进行更详细的共振模式讨论，读者可参见 4.2 节的相关讨论。图 8.2 的 MATLAB 仿真程序见 8.4 节。

在图 8.3 中，给出了 β_2 取值不同时，系统的变尺度振动共振现象。因为 $\omega_1 = \dfrac{1}{\beta_2}$，在该图的参数取值下，图 8.3(a)、(c)、(e) 中变尺度系统中的低频信号频率为 $\omega_1=0.5$，在图 8.3 (b)、(d)、(f) 中变尺度系统中的低频信号频率为 $\omega_1=0.2$。在变尺度系统中，β_2 越大，ω_1 的值越小，响应幅值增益 Q 的值越大，这说明利用变尺度振动共振方法能够有效地增强微弱高频特征信号。

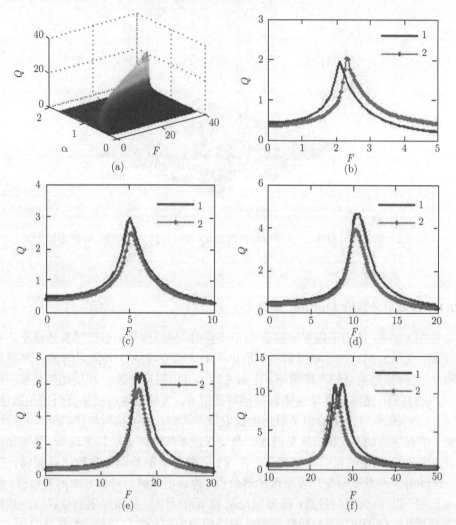

图 8.2 　(a) 响应幅值增益 Q 解析解的三维图形，(b)~(f) 阻尼阶数 α 取值不同时发生在 ω 处的变尺度振动共振，(b) $\alpha=0.5$, (c) $\alpha=0.8$, (d) $\alpha=1.1$, (e) $\alpha=1.3$, (f) $\alpha=1.5$，其他计算参数为 $\omega=1500$, $f=0.01$, $\beta_1=40$, $\beta_2=4$, $a_1=-1$, $b_1=1$，曲线 1 是解析解，曲线 2 是数值解

在图 8.4 中，给出了微弱高频特征信号取值不同时 $Q\text{-}F$ 曲线的振动共振现象。对于较小的 f 与 α 值，如在图 8.4(a)~图 8.4(d) 中，解析结果和数值结果吻合良好。对于较大的 f 与 α 值，虽然 $Q\text{-}F$ 的解析结果与数值结果都呈现振动共振现象，但共振峰值的数值结果与解析结果相比较小。这是由于快慢变量分离法对激励

幅值的敏感性造成的。对这一问题,已有文献进行过相关讨论[2,9]。采用其他方法,如多尺度法、平均法、摄动法等精确度较高的方法可以解决误差较大的问题。采用快慢变量分离法是因为这种方法比较简单,且能够满足工程领域的要求。

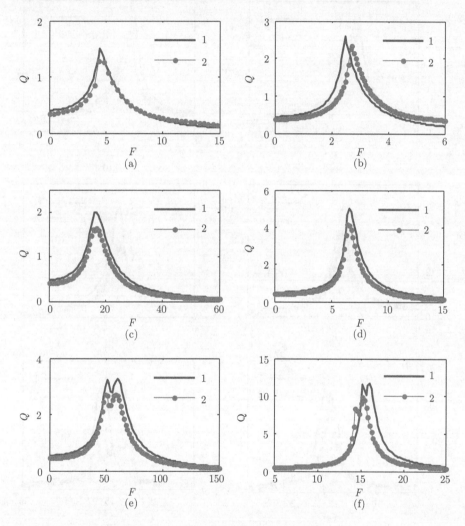

图 8.3 阻尼阶数 α 取值不同时发生在 ω 处的变尺度振动共振, (a) $\alpha=0.6$, $\beta_2=2$, (b) $\alpha=0.6$, $\beta_2=5$, (c) $\alpha=1.0$, $\beta_2=2$, (d) $\alpha=1.0$, $\beta_2=5$, (e) $\alpha=1.4$, $\beta_2=2$, (f) $\alpha=1.4$, $\beta_2=5$, 其他计算参数为 $\omega=1500$, $f=0.01$, $\beta_1=40$, $a_1=-1$, $b_1=1$, 曲线 1 是解析解, 曲线 2 是数值解

为了进一步描述系统的共振行为,图 8.5 给出了参数取值不同时系统发生共振时的响应时间序列。在图 8.5(a)、(c)、(e) 中可见,对于不含高频辅助信号的情况,即 $F=0$ 的情况,系统响应微弱且无共振行为发生。当仿真参数选取图 8.4 中的计

算参数时，图 8.5(b)、(d)、(f) 中给出了发生共振时的响应时间序列，在时间序列上可以发现高频特征信号得到很大程度的增强。

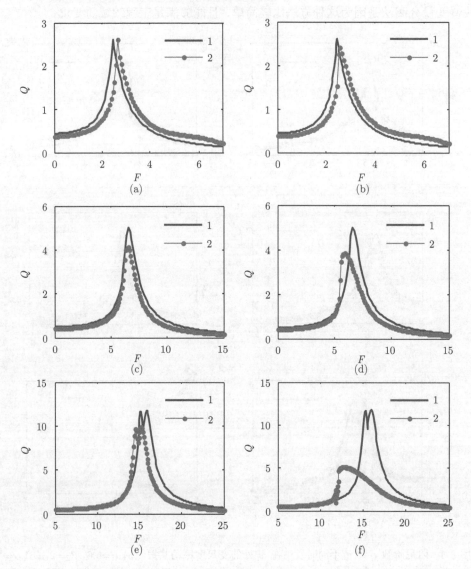

图 8.4　阻尼阶数 α 取值不同时发生在 ω 处的变尺度振动共振，(a) $\alpha=0.6$，$f=0.005$，(b) $\alpha=0.6$，$f=0.1$，(c) $\alpha=1.0$，$f=0.005$，(d) $\alpha=1.0$，$f=0.1$，(e) $\alpha=1.4$，$f=0.005$，(f) $\alpha=1.4$，$f=0.1$，其他计算参数为 $\omega=1500$，$\beta_1=40$，$\beta_2=5$，$a_1=-1$，$b_1=1$，曲线 1 是解析解，曲线 2 是数值解

图 8.6 中，在阻尼阶数以及信号频率 ω 取值不同时，给出了系统的变尺度

振动共振现象。在该图中 β_2 是定值，因此在变尺度系统中 ω_1 是一个确定的常数，和信号频率 ω 无关，所以对于 $\omega=200$ 和 $\omega=2000$ 的情况，$Q\text{-}F$ 曲线完全重合，数值结果也预测了这一结论。该图表明，变尺度振动共振能够在任意频率处发生。

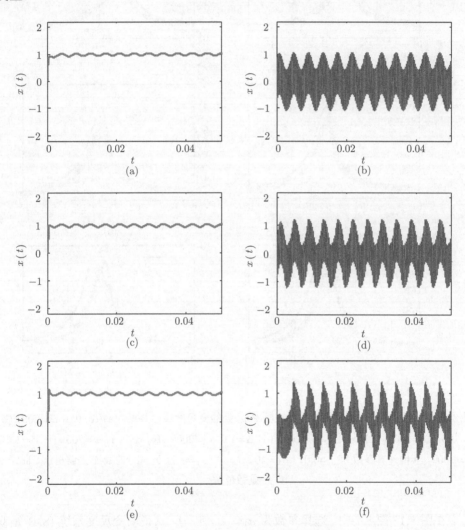

图 8.5 不同参数取值条件下系统响应的时间序列，计算参数
$f=0.1$，$\omega=1500$，$\beta_1=40$，$\beta_2=5$，$a_1=-1$，$b_1=1$

在图 8.7 中，给出了 β_1 取值不同时系统的变尺度振动共振。在图 8.7 (a)～图 8.7 (f) 中，β_1 取值不同，则辅助信号的频率 Ω 不同。该图表明，β_1 影响 Q 曲线的峰值位置与峰值大小。当 β_1 取值较大时，发生共振需要较大的 F 值。

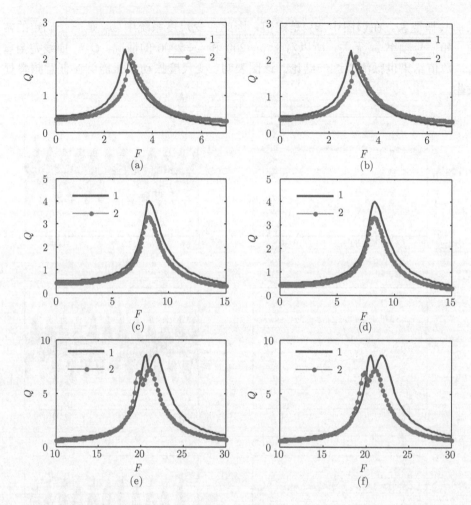

图 8.6　阻尼阶数 α 取值不同时发生在频率 ω 处的变尺度振动共振, (a) $\alpha=0.6$, $\omega=200$, (b) $\alpha=0.6$, $\omega=2000$, (c) $\alpha=1.0$, $\omega=200$, (d) $\alpha=1.0$, $\omega=2000$, (e) $\alpha=1.4$, $\omega=200$, (f) $\alpha=1.4$, $\omega=2000$, 其他计算参数为 $f=0.01$, $\beta_1=40$, $\beta_2=4$, $a_1=-1$, $b_1=1$, 曲线 1 是解析解, 曲线 2 是数值解

在图 8.1~图 8.7 中, 选择参数为 $a_1=-1$, $b_1=1$, 这说明变尺度系统 (8.4) 是双稳系统。再者, $a = a_1\beta^\alpha$, $b = b_1\beta^\alpha$, 这说明原系统 (8.1) 也是双稳系统。在图 8.8 中, $a_1=1$, $b_1=1$, 则原系统与变尺度系统都是单稳系统。从解析结果和数值结果可见, $Q\text{-}F$ 曲线无共振现象。在阻尼阶数 α 取值不同时, 响应幅值增益 Q 是高频辅助信号幅值 F 的减函数。因此, 单稳系统中不存在变尺度振动共振现象, 利用单稳系统增强微弱高频特征信号难以实现。

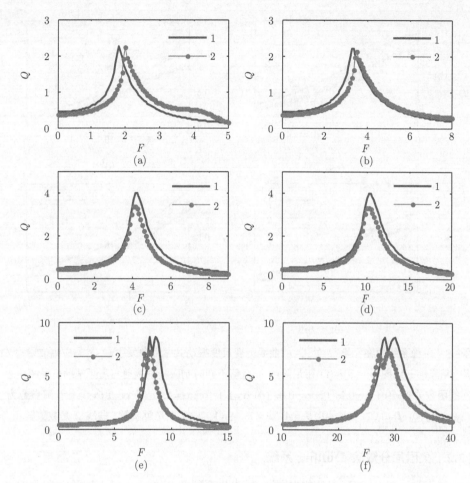

图 8.7 阻尼阶数 α 取值不同时发生在频率 ω 处的变尺度振动共振, (a) $\alpha=0.6$, $\beta_1=20$, (b) $\alpha=0.6$, $\beta_1=50$, (c) $\alpha=1.0$, $\beta_1=20$, (d) $\alpha=1.0$, $\beta_1=50$, (e) $\alpha=1.4$, $\beta_1=20$, (f) $\alpha=1.4$, $\beta_1=50$, 其他计算参数为 $\omega=1500$, $f=0.1$, $\beta_2=4$, $a_1=-1$, $b_1=1$, 曲线 1 是解析解, 曲线 2 是数值解

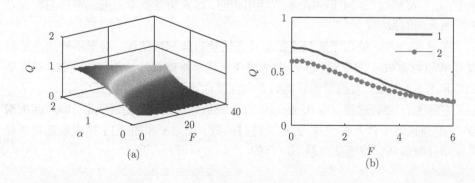

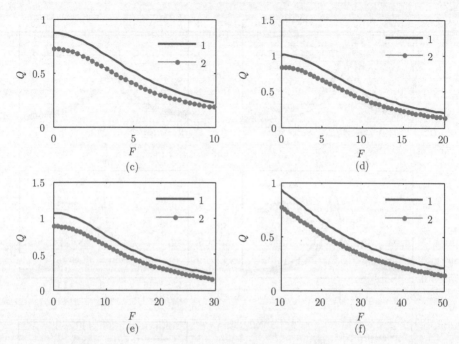

图 8.8　单稳系统中在频率 ω 处 Q-F 曲线无变尺度振动共振现象发生，(a) 响应幅值增益 Q 解析结果的三维图形，(b)~(f) 阻尼阶数 α 取值不同时响应幅值增益与高频辅助信号幅值之间的函数关系，(b) α=0.5, (c) α=0.8, (d) α=1.1, (e) α=1.3, (f) α=1.5, 其他计算参数为 ω=1500, f=0.01, β_1=40, β_2=4, a_1=1, b_1=1, 曲线 1 是解析解，曲线 2 是数值解

8.2.2　欠阻尼分数阶 Duffing 系统

欠阻尼系统中也存在随机共振和振动共振现象 [10–13]，以下讨论欠阻尼分数阶 Duffing 系统中的变尺度振动共振现象。

在图 8.9 中，基于解析分析，给出了响应幅值增益的三维图形与阻尼阶数 α 以及高频辅助信号的幅值 F 之间的函数关系。随着阻尼系数的增大，响应幅值增益减小，这与常规线性阻尼的阻尼系数作用相同，这说明分数阶阻尼也可以消耗能量并抑制系统的振动。

在图 8.10 中，给出了变尺度振动共振的解析解和数值解。对于不同的阻尼阶数 α 和阻尼系数 δ 的取值，Q-F 曲线可能呈现单峰或双峰振动共振现象。对比图 8.10 和图 8.3 发现，欠阻尼系统能够更大程度地增强微弱高频特征信号。

在图 8.11 中，选择 $a>0$, $b>0$，原系统是单稳系统。在该图中，响应幅值增益 Q 是高频辅助信号幅值 F 的单调递减函数。图 8.8 和图 8.11 都说明选择单稳系统增强微弱高频特征信号是不可行的。

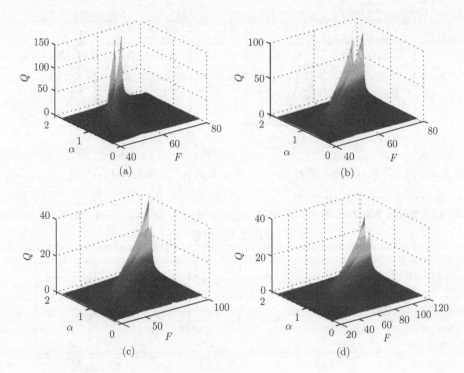

图 8.9 响应幅值增益的解析解三维图形, (a) $\delta=0.4$, (b) $\delta=0.7$, (c) $\delta=1.5$, (d) $\delta=2$, 其他计算参数为 $f=0.01$, $\omega=1500$, $\beta_1=40$, $\beta_2=5$, $a_1=-1$, $b_1=1$

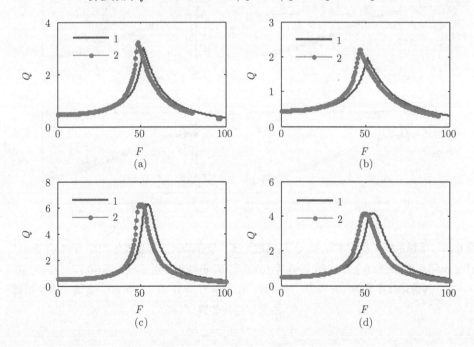

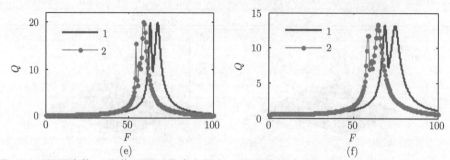

图 8.10　阻尼阶数 α 取值不同时发生在频率 ω 处的变尺度振动共振，(a) $\alpha=0.5$，$\delta=0.8$，(b) $\alpha=0.5$，$\delta=1.2$，(c) $\alpha=1.0$，$\delta=0.8$，(d) $\alpha=1.0$，$\delta=1.2$，(e) $\alpha=1.5$，$\delta=0.8$，(f) $\alpha=1.5$，$\delta=1.2$，其他计算参数为 $f=0.01$，$\omega=1500$，$\beta_1=40$，$\beta_2=5$，$a_1=-1$，$b_1=1$，曲线 1 是解析解，曲线 2 是数值解

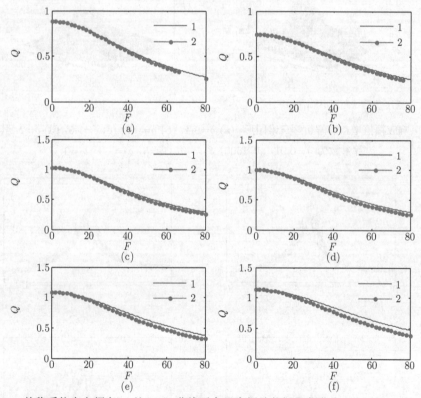

图 8.11　单稳系统中在频率 ω 处 Q-F 曲线无变尺度振动共振现象发生，(a) $\alpha=0.6$，$\delta=0.7$，(b) $\alpha=0.6$，$\delta=1.4$，(c) $\alpha=1.0$，$\delta=0.7$，(d) $\alpha=1.0$，$\delta=1.4$，(e) $\alpha=1.5$，$\delta=0.7$，(f) $\alpha=1.5$，$\delta=1.4$，其他计算参数为 $\omega=1500$，$f=0.01$，$\beta_1=40$，$\beta_2=5$，$a_1=1$，$b_1=1$，曲线 1 是解析解，曲线 2 是数值解

8.3 变尺度振动共振的相关讨论

为说明变尺度振动共振的思想，进一步对这种方法进行深入说明。在图 8.12 中，给出了发生振动共振的流程。首先，需要将输入信号进行放大，无论是在理论研究还是在工程应用中，这一步骤是易于实现的，在工程应用时只需将混合信号输入信号放大器即可。混合信号放大的倍数需要根据本章的方法进行计算。如果选择方程 (8.1) 做为振动共振发生的系统，根据方程 (8.2) 和方程 (8.3)，混合信号的放大倍数应该为 β^α 倍。根据本章的计算结果，如果选择方程 (8.16) 做为振动共振系统，利用方程 (8.17) 和方程 (8.18) 混合信号需放大倍数为 β^2。对于 β 的选择情况，以上已进行过详细的讨论。根据变尺度方法，确定原系统的参数，是为了找到高频特征信号与系统参数匹配的规律。如果选择方程 (8.1) 作为振动共振系统，根据方程 (8.3) 和方程 (8.4)，系统参数为 $a = a_1\beta^\alpha$，$b = b_1\beta^\alpha$。此处，a_1 和 b_1 是低频信号激励下发生传统振动共振的系统参数，例如可以选择 $a_1 = -1$，$b_1 = 1$。如果选择系统 (8.16) 作为振动共振系统，根据方程 (8.17) 和方程 (8.18)，系统参数应为 $a = a_1\beta^2$，$b = b_1\beta^2$。此外，选择分数阶系统而不选择常规的阻尼系统是因为分数阶系统能够更大程度地增强微弱高频特征信号。确定了混合信号的放大倍数以及系统参数后，通过调节高频辅助信号，可以促使变尺度振动共振的发生。在图 8.12 中，每一步都是关键的，不可或缺。如果混合信号不经过放大，或者系统参数选择不合适，都不能发生变尺度振动共振。如果选择较小的系统参数或者混合信号放大倍数过大，会使系统发散，造成系统或者结构的破坏。最优参数的组合，是一个关键问题，可以对解析结果通过求导分析得到，也可以通过数值算法优化计算得到。

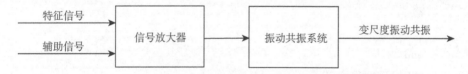

图 8.12 在任意特征信号频率处发生变尺度振动共振的流程

8.4 本章重要图形的 MATLAB 仿真程序

图 8.2 的 MATLAB 仿真程如下：

```
clear all;
close all;
clc;
A1=0.01;
```

```
A2=0:0.1:40;
L2=length(A2);
omega=1500;
beta2=4;    %尺度放大倍数
alpha=0.2:0.005:1.7;
L1=length(alpha);
beta1=40;    %高频信号与低频信号的倍数关系
a1=-1;b1=1;    %变换后系统的参数
W=beta1*omega;    %高频信号频率
beta=omega*beta2;    %尺度放大倍数
omega1=omega/beta;    %压缩后的低频频率
W1=W/beta;    %压缩后的高频频率
Q=[];
for k=1:L1
    a=a1*beta^alpha(k);    %变换前的系统参数
    b=b1*beta^alpha(k);    %变换前的系统参数
    for i=1:L2
        mu2=(a1+W1^alpha(k)*cos(alpha(k)*pi/2))^2+(W1^alpha(k)*sin
            (alpha(k)*pi/2))^2;
        r=a1+3*b1*A2(i)^2/(2*mu2);
        if r<0
            xs=sqrt(-r/b1);
        else
            xs=0;
        end
        wr2=r+3*b1*xs^2;
S=(wr2+omega1^alpha(k)*cos(alpha(k)*pi/2))^2+(omega1^alpha(k)*sin
  (alpha(k)*pi/2))^2;
        Q(k,i)=1/sqrt(S);
    end
end
subplot(3,2,1)
surf(A2,alpha,Q)
xlabel('\it\alpha','fontsize',12,'fontname','times new roman')
ylabel('\itF','fontsize',12,'fontname','times new roman')
```

```
zlabel('\itQ','fontsize',12,'fontname','times new roman')
alpha=[0.5 0.8 1.1 1.3 1.5];
f=omega/(2*pi);
fs=10*beta1*f;    %采样频率
h=1/fs;
N=round(2*pi/omega*fs*24);
N1=round(2*pi/omega*fs*4)+1;
n=1:N;
t=n/fs;
No1=A1*cos(omega.*t);
for k=1:5
    a=a1*beta^alpha(k);    %变换前系统的参数
    b=b1*beta^alpha(k);    %变换前系统的参数
    R=[];
    Q=[];
    if k==1
       A2=0:0.05:5;
    elseif k==2
          A2=0:0.1:10;
    elseif k==3
          A2=0:0.1:20;
    elseif k==4
          A2=0:0.15:30;
    else
          A2=10:0.2:50;
    end
    L=length(A2);
    for i=1:L
        mu2=(a1+W1^alpha(k)*cos(alpha(k)*pi/2))^2+(W1^alpha(k)*sin
            (alpha(k)*pi/2))^2;
        r=a1+3*b1*A2(i)^2/(2*mu2);
        if r<0
            xs=sqrt(-r/b1);
        else
            xs=0;
```

```
        end
        wr2=r+3*b1*xs^2;
S=(wr2+omega1^alpha(k)*cos(alpha(k)*pi/2))^2+(omega1^alpha(k)*sin
   (alpha(k)*pi/2))^2;
        Q(k,i)=1/sqrt(S);
    end
    subplot(3,2,k+1)
    plot(A2,Q(k,:),'linewidth',2)
    hold on;
    for m=1:L
        No2=A2(m)*cos(W.*t);
        x=zeros(1,N);    %时间响应序列赋空值
        w=zeros(1,N);    %二项式系数数列赋空值
        w(1)=-alpha(k);
        for i=1:N-1
            w(i+1)=(1-(alpha(k)+1)/(i+1))*w(i);
x(i+1)=-w(1:i)*x(i:-1:1)'+h^alpha(k)*(-a*x(i)-b*x(i)^3+beta^alpha(k)*
        No1(i)+beta^alpha(k)*No2(i));
        end
        x1=x(N1:N);
        t1=t(N1:N);
        z1=x1.*sin(omega.*t1)*h;
        z2=x1.*cos(omega.*t1)*h;
        B1=sum(z1);
        B2=sum(z2);
        R(k,m)=2/(N/fs)*sqrt(B1^2+B2^2)/A1;
    end
    plot(A2,R(k,:),'.-r','linewidth',1)
    hold on;
    xlabel('\itF','fontsize',12,'fontname','times new roman')
    ylabel('\itQ','fontsize',12,'fontname','times new roman')
    legend('1','2','fontsize',12,'fontname','times new roman')
end
gtext('(a)','fontsize',12,'fontname','times new roman')
gtext('(b) \alpha=0.5','fontsize',12,'fontname','times new roman')
```

```
gtext('(c) \alpha=0.8','fontsize',12,'fontname','times new roman')
gtext('(d) \alpha=1.1','fontsize',12,'fontname','times new roman')
gtext('(e) \alpha=1.3','fontsize',12,'fontname','times new roman')
gtext('(f) \alpha=1.5','fontsize',12,'fontname','times new roman')
```

参 考 文 献

[1] Gammaitoni L, Hänggi P, Jung P, et al. Stochastic resonance. Reviews of Modern Physics, 1998, 70(1): 223-287.

[2] Landa P S, McClintock P V E. Vibrational resonance. Journal of Physics A: Mathematical and General, 2000, 33(45): L433-L438.

[3] 胡茑庆. 随机共振微弱特征信号检测理论与方法. 北京: 国防工业出版社, 2012.

[4] Tan J, Chen X, Wang J, et al. Study of frequency-shifted and re-scaling stochastic resonance and its application to fault diagnosis. Mechanical Systems and Signal Processing, 2009, 23(3): 811-822.

[5] 冷永刚, 王太勇. 二次采样用于随机共振从强噪声中提取弱信号的数值研究. 物理学报, 2003, 52(10): 2432-2437.

[6] He Q, Wang J. Effects of multiscale noise tuning on stochastic resonance for weak signal detection. Digital Signal Processing, 2012, 22(4): 614-621.

[7] Li J, Chen X, Du Z, et al. A new noise-controlled second-order enhanced stochastic resonance method with its application in wind turbine drivetrain fault diagnosis. Renewable Energy, 2013, 60: 7-19.

[8] Wang J, He Q, Kong F. Adaptive multiscale noise tuning stochastic resonance for health diagnosis of rolling element bearings. IEEE Transactions on Instrumentation and Measurement, 2015, 64(2): 564-577.

[9] Blekhman I I, Landa P S. Conjugate resonances and bifurcations in nonlinear systems under biharmonical excitation. International Journal of Non-linear Mechanics, 2004, 39(3): 421-426.

[10] Qin Y, Tao Y, He Y, et al. Adaptive bistable stochastic resonance and its application in mechanical fault feature extraction. Journal of Sound and Vibration, 2014, 333(26): 7386-7400.

[11] Lu S, He Q, Kong F. Effects of underdamped step-varying second-order stochastic resonance for weak signal detection. Digital Signal Processing, 2015, 36: 93-103.

[12] Rajasekar S, Jeyakumari S, Chinnathambi V, et al. Role of depth and location of minima of a double-well potential on vibrational resonance. Journal of Physics A: Mathematical and Theoretical, 2010, 43(46): 465101.

[13] Rajasekar S, Abirami K, Sanjuán M A F. Novel vibrational resonance in multistable systems. Chaos, 2011, 21(3): 033106.

第9章 含时滞项的分数阶非线性系统的叉形分岔与振动共振

本章讨论含时滞项的分数阶非线性系统的叉形分岔与振动共振,并研究过阻尼系统、欠阻尼系统以及分数阶时滞系统三种情况。

9.1 含时滞项的分数阶过阻尼 Duffing 系统的叉形分岔与振动共振

在真实的物理系统中,时滞反馈广泛存在。例如,存在于神经系统 [1,2]、激光系统 [3]、机械加工系统 [4]、基因动力学系统 [5,6]、生理动态系统 [7]、种群动力学系统 [8]、传染病传播动力学系统 [9]、电机控制系统 [10] 中。时滞系统具有丰富的动力学模型与广泛的工程背景 [11-15]。

考虑含时滞项的过阻尼分数阶 Duffing 系统

$$\frac{\mathrm{d}^{\alpha}x(t)}{\mathrm{d}t^{\alpha}} + \omega_0^2 x(t) + \beta x^3(t) + \gamma x(t-\tau) = f\cos(\omega t) + F\cos(\Omega t) \tag{9.1}$$

式中, α 是阻尼阶数, γ 和 τ 分别为时滞反馈强度和时滞量大小,系统参数满足 $\beta > 0$, $f \ll 1$, $\omega \ll \Omega$。不考虑外激励与时滞量,则系统的势函数为 $V(x) = \frac{1}{2}(\omega_0^2 + \gamma)x^2 + \frac{1}{4}\beta x^4$,当 $\omega_0^2 + \gamma < 0$ 时,系统有双稳势函数,当 $\omega_0^2 + \gamma \geqslant 0$ 时,系统有单稳势函数。当 $\alpha = 1$ 时,系统退化为常微分形式的时滞系统,系统的振动共振问题在相关文献中给出了研究 [16]。

9.1.1 叉形分岔

利用快慢变量分离法,令 $x = X + \Psi$, X 和 Ψ 分别表示周期为 $2\pi/\omega$ 和 $2\pi/\Omega$ 的慢变量和快变量,得到

$$\frac{\mathrm{d}^{\alpha}X}{\mathrm{d}t^{\alpha}} + \frac{\mathrm{d}^{\alpha}\Psi}{\mathrm{d}t^{\alpha}} + \omega_0^2 X + \omega_0^2\Psi + \beta X^3 + \beta\Psi^3 + 3\beta X^2\Psi + 3\beta X\Psi^2 + \gamma X_{\tau} + \gamma\Psi_{\tau}$$

$$= f\cos(\omega t) + F\cos(\Omega t) \tag{9.2}$$

式中，$X_\tau = X(t-\tau)$ 和 $\Psi_\tau = \Psi(t-\tau)$。在下列方程中寻找 Ψ 的近似解

$$\frac{\mathrm{d}^\alpha \Psi}{\mathrm{d}t^\alpha} + \omega_0^2 \Psi + \gamma \Psi_\tau = F\cos(\Omega t) \tag{9.3}$$

令

$$\Psi = \frac{F}{\mu}\cos(\Omega t + \theta) \tag{9.4}$$

利用待定系数法得到

$$\begin{cases} \mu = \sqrt{\left[\gamma\cos(\tau\Omega) + \Omega^\alpha\cos\left(\dfrac{\alpha\pi}{2}\right) + \omega_0^2\right]^2 + \left[\gamma\sin(\tau\Omega) - \Omega^\alpha\sin\left(\dfrac{\alpha\pi}{2}\right)\right]^2} \\[4mm] \theta = \arctan\dfrac{\gamma\sin(\tau\Omega) - \Omega^\alpha\sin\left(\dfrac{\alpha\pi}{2}\right)}{\Omega^\alpha\cos\left(\dfrac{\alpha\pi}{2}\right) + \omega_0^2 + \gamma\cos(\tau\Omega)} \end{cases} \tag{9.5}$$

将式 (9.4) 代入式 (9.2) 并在 $[0, 2\pi/\Omega]$ 内积分，得到关于慢变量的方程

$$\frac{\mathrm{d}^\alpha X}{\mathrm{d}t^\alpha} + C_1 X + \beta X^3 + \gamma X_\tau = f\cos(\omega t) \tag{9.6}$$

式中，$C_1 = \omega_0^2 + \dfrac{3\beta F^2}{2\mu^2}$。

当 $f=0$，$\tau=0$ 时，等价系统 (9.6) 的有效势函数为 $V_{\text{eff}} = \dfrac{C_1 + \gamma}{2}x^2 + \dfrac{\beta}{4}x^4$，对这种情况，系统 (9.6) 的平衡点为

$$X_0^* = 0, \quad X_\pm^* = \pm\sqrt{-\frac{C_1 + \gamma}{\beta}} \tag{9.7}$$

当满足条件

$$F < F_{\text{c}} = \left[-\frac{2\mu^2(\omega_0^2 + \gamma)}{3\beta}\right]^{\frac{1}{2}} \tag{9.8}$$

时，有 $\dfrac{C_1 + \gamma}{\beta} < 0$，等价系统存在两个稳定的平衡点 $X_\pm^*$ 和一个不稳定的平衡点 X_0^*。

当满足条件

$$F \geqslant F_{\text{c}} = \left[-\frac{2\mu^2(\omega_0^2 + \gamma)}{3\beta}\right]^{\frac{1}{2}} \tag{9.9}$$

时，有 $\dfrac{C_1 + \gamma}{\beta} \geqslant 0$，等价系统仅具有一个稳定的平衡点 X_0^*。F_{c} 是影响等价系统 (9.6) 平衡点发生本质变化的分岔点，即 F_{c} 是引起系统发生叉形分岔的分岔点。

图 9.1(a) 中，在 F-α 平面上给出了单稳和双稳区域以及 F 和 α 的临界分岔点。在图 9.1(b)~图 9.1(d) 中，给出了阻尼阶数取值不同时，控制参数 F 引起的亚

临界叉形分岔。在图 9.1(e) 和图 9.1(f) 中，给出了控制参数 F 取值不同时，阻尼阶数 α 引起的超临界叉形分岔。

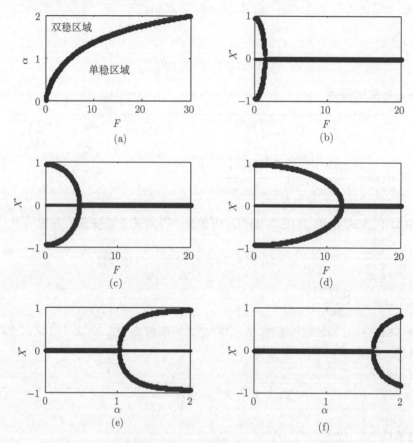

图 9.1　(a) F-α 平面上的单稳态区域和双稳态区域，(b)~(d) 阶数 α 取值不同时控制参数 F 引起的亚临界叉形分岔，(e) 和 (f) 控制参数 F 取值不同时阻尼阶数 α 引起的超临界叉形分岔，(b) α=0.5，(c) α=1.0，(d) α=1.5，(e) F=5，(f) F=15，其他计算参数为 Ω=6，$\omega_0^2 = -1$，β=1，γ=0.1，τ=0.5

图 9.2(a) 中，在 Ω-α 平面上给出了单稳和双稳区域以及 Ω 和 α 的临界分岔点。对比图 9.1(a) 和图 9.2(a)，发现临界分岔点 α_c 随着 F 的增大而增大，随着 Ω 的增大而减小。在图 9.2(b)~图 9.2(d) 中，对不同的阻尼阶数 α，给出了高频频率 Ω 引起的超临界叉形分岔。当时滞量 τ 为控制参数时，图 9.3 给出了时滞量 τ 引起的叉形分岔。随着 τ 的增大，平衡点周期性地发生超临界叉形分岔与亚临界叉形分岔，这一事实也可以从方程 (9.7) 中得到，因为参数 C_1 中包含时滞量 τ。因此，平衡点随着时滞量 τ 的变化以周期 $2\pi/\Omega$ 进行变化。

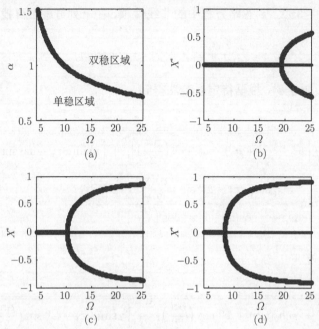

图 9.2 (a) Ω-α 平面上的单稳态区域和双稳态区域，(b)~(d) 阶数 α 取值不同时控制参数 Ω 引起的超临界叉形分岔，(b) $\alpha=0.8$，(c) $\alpha=1.0$，(d) $\alpha=1.1$，其他计算参数为 $F=8$，$\omega_0^2=-1$，$\beta=1$，$\gamma=0.1$，$\tau=0.5$

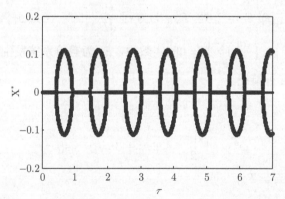

图 9.3 时滞量 τ 引起的周期性超临界叉形分岔与亚临界叉形分岔，计算参数为 $F=10$，$\Omega=6$，$\omega_0^2=-1$，$\beta=1$，$\gamma=0.1$，$\alpha=1.4$

9.1.2 振动共振

令 $Y = X - X^*$，X^* 表示等价系统的稳定平衡点，代入方程 (9.6) 得到

$$\frac{\mathrm{d}^\alpha Y}{\mathrm{d}t^\alpha} + \omega_{\mathrm{r}}^2 Y + 3\beta X^* Y^2 + \beta Y^3 + \gamma Y_\tau = f\cos(\omega t) \tag{9.10}$$

式中, $\omega_{\mathrm{r}}^2 = C_1 + 3\beta X^{*2}$。忽略方程中的非线性项, 在下列方程中寻找 Y 的近似解

$$\frac{\mathrm{d}^\alpha Y}{\mathrm{d}t^\alpha} + \omega_{\mathrm{r}}^2 Y + \gamma Y_\tau = f\cos(\omega t) \tag{9.11}$$

令 $Y = A_{\mathrm{L}}\cos(\omega t + \phi)$, 根据待定系数法得到

$$\begin{cases} A_{\mathrm{L}} = \dfrac{f}{\sqrt{\left[\omega_{\mathrm{r}}^2 + \gamma\cos(\omega\tau) + \omega^\alpha\cos\left(\dfrac{\alpha\pi}{2}\right)\right]^2 + \left[\gamma\sin(\omega\tau) - \omega^\alpha\sin\left(\dfrac{\alpha\pi}{2}\right)\right]^2}} \\[4mm] \phi = \arctan\dfrac{\gamma\sin(\omega\tau) - \omega^\alpha\sin\left(\dfrac{\alpha\pi}{2}\right)}{\omega_{\mathrm{r}}^2 + \gamma\cos(\omega\tau) + \omega^\alpha\cos\left(\dfrac{\alpha\pi}{2}\right)} \end{cases} \tag{9.12}$$

响应幅值增益为

$$Q = \frac{1}{\sqrt{\left[\omega_{\mathrm{r}}^2 + \gamma\cos(\omega\tau) + \omega^\alpha\cos\left(\dfrac{\alpha\pi}{2}\right)\right]^2 + \left[\gamma\sin(\omega\tau) - \omega^\alpha\sin\left(\dfrac{\alpha\pi}{2}\right)\right]^2}} \tag{9.13}$$

1. 双稳势函数的情况

当满足 $\omega_0^2 + \gamma < 0$ 时, 原系统的势函数具有双稳形状。以 F 为控制参数, 振动共振发生在 $F = F_{\mathrm{VR}}$ 或 $F = F_{\mathrm{c}}$ 处, F_{VR} 为方程 $\dfrac{\mathrm{d}}{\mathrm{d}F}\left\{\left[\omega_{\mathrm{r}}^2 + \gamma\cos(\omega\tau) + \omega^\alpha\cos\left(\dfrac{\alpha\pi}{2}\right)\right]^2 + \left[\gamma\sin(\omega\tau) - \omega^\alpha\sin\left(\dfrac{\alpha\pi}{2}\right)\right]^2\right\} = 0$ 的实数根, F_{c} 为等价系统发生叉形分岔的临界分岔点。分以下三种情况。

情况 1

当参数满足

$$\omega^\alpha\cos\left(\frac{\alpha\pi}{2}\right) \leqslant 2\omega_0^2 + 3\gamma - \gamma\cos(\omega\tau) \tag{9.14}$$

仅存在一个点使 $F = F_{\mathrm{VR}}$, 即

$$F_{\mathrm{VR}}^{(2)} = \left\{-\frac{2\mu^2}{3\beta}\left[\omega_0^2 + \omega^\alpha\cos\left(\frac{\alpha\pi}{2}\right) + \gamma\cos(\omega\tau)\right]\right\}^{\frac{1}{2}} > F_{\mathrm{c}} \tag{9.15}$$

响应幅值增益 Q 的峰值为

$$Q_{\max} = \frac{1}{\left|\gamma\sin(\omega\tau) - \omega^\alpha\sin\left(\dfrac{\alpha\pi}{2}\right)\right|} \tag{9.16}$$

情况 2

当参数满足

$$2\omega_0^2 + 3\gamma - \gamma\cos(\omega\tau) < \omega^\alpha \cos\left(\frac{\alpha\pi}{2}\right) < \gamma - \gamma\cos(\omega\tau) \tag{9.17}$$

存在两个点 F_{VR}，即方程 (9.15) 中的 $F_{\mathrm{VR}}^{(2)}$ 以及

$$F_{\mathrm{VR}}^{(1)} = \left\{ \frac{\mu^2}{3\beta} \left[-2\omega_0^2 - 3\gamma + \omega^\alpha \cos\left(\frac{\alpha\pi}{2}\right) + \gamma\cos(\omega\tau) \right] \right\}^{\frac{1}{2}} < F_{\mathrm{c}} \tag{9.18}$$

在 $F_{\mathrm{VR}}^{(1)}$ 和 $F_{\mathrm{VR}}^{(2)}$ 两点，响应幅值增益 Q 具有极大值，即方程 (9.16) 中的 $Q_{\max}$。

情况 3

当参数满足

$$\omega^\alpha \cos\left(\frac{\alpha\pi}{2}\right) \geqslant \gamma - \gamma\cos(\omega\tau) \tag{9.19}$$

共振发生在 $F_{\mathrm{VR}} = F_{\mathrm{c}}$，响应幅值增益 Q 的最大值为

$$Q_{\max} = \frac{1}{\sqrt{\left[\omega^\alpha \cos\left(\frac{\alpha\pi}{2}\right) - \gamma + \gamma\cos(\omega\tau)\right]^2 + \left[\gamma\sin(\omega\tau) - \omega^\alpha \sin\left(\frac{\alpha\pi}{2}\right)\right]^2}} \tag{9.20}$$

图 9.4 中，在 α-τ 平面上，根据解析结果给出了系统发生不同共振模式的区域。共振模式受时滞量 τ、阻尼阶数 α 和时滞反馈强度 γ 的影响。在区域 R_1 中，单峰共振发生在 $F_{\mathrm{VR}}^{(2)}$；在区域 R_2 中，双峰共振发生在 $F_{\mathrm{VR}}^{(1)}$ 和 $F_{\mathrm{VR}}^{(2)}$；在区域 R_3 中，单峰共振发生在 F_{c}。

图 9.5 中，给出了共振点 F_{VR} 和 F_{c} 与时滞量 τ 之间的关系。随着时滞量 τ 的变化，F_{c}，$F_{\mathrm{VR}}^{(1)}$ 与 $F_{\mathrm{VR}}^{(2)}$ 周期性地出现，单峰共振与双峰共振周期性出现。F_{VR} 的出现与 τ 之间具有周期性关系，其周期为两激励信号的周期。

在图 9.6(a)~图 9.6(c) 中，给出了阻尼阶数 α 引起 F_{VR} 的分岔行为。在图中，α_{c} 是分岔点，受时滞参数 τ 的影响。当 α 位于 α_{c} 的左侧，系统响应发生单峰振动共振；当 α 位于 α_{c} 的右侧，系统响应发生双峰振动共振。在图 9.6(d) 中，给出了时滞参数 τ 对分岔点 α_{c} 的影响规律。随着时滞量 τ 的增加，分岔点 α_{c} 以低频信号的周期进行周期性变化，时滞量 τ 影响 α_{c} 的位置。对于确定的时滞量 τ，仅有一个对应的分岔点 α_{c}。对于一个确定的分岔点 α_{c}，对应于无穷多的时滞量 τ。图 9.6(d) 还表明，所有的分岔点 α_{c} 位于 $\alpha=1$ 的左侧。根据式 (9.14) 可知，分岔点 α_{c} 满足 $\omega^\alpha \cos\left(\frac{\alpha\pi}{2}\right) = \gamma - \gamma\cos(\omega\tau)$，该条件是时滞量 τ 引起分岔点 α_{c} 周期性变化的原因。当 γ 取值为较小的正值时，总有 $\alpha_{\mathrm{c}} \leqslant 1$。

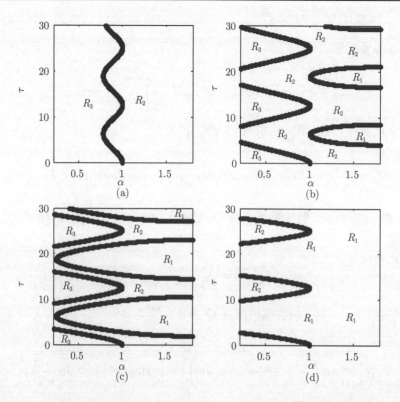

图 9.4　在 α-τ 平面上不同共振模式对应的区域，R_1：发生在 $F_{\mathrm{VR}}^{(2)}$ 的单峰共振区域，R_2：发生在 $F_{\mathrm{VR}}^{(1)}$ 和 $F_{\mathrm{VR}}^{(2)}$ 的双峰共振区域，R_3：发生在 F_c 的单峰共振区域，(a) γ=0.1, (b) γ=0.5, (c) γ=0.7, (d) γ=1.0，其他计算参数为 ω=0.5, $\omega_0^2 = -1$

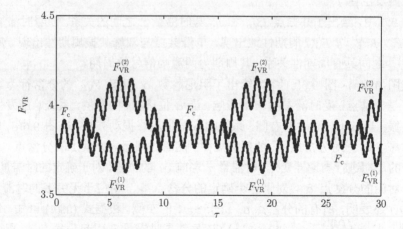

图 9.5　F_c, $F_{\mathrm{VR}}^{(1)}$, $F_{\mathrm{VR}}^{(2)}$ 与时滞量 τ 之间的函数关系，计算参数为 ω=0.5, Ω=6.0, β=1, γ=0.1, $\omega_0^2 = -1.0$, α=0.9

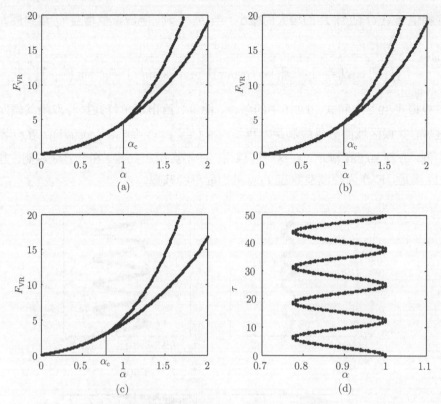

图 9.6 (a)~(c) 时滞量 τ 取值不同时阻尼阶数 α 引起 F_{VR} 的分岔, (a) $\tau=0$, (b) $\tau=0.5$, (c) $\tau=5$, (d) α-τ 平面上分岔点 α_{c}, 其他计算参数为 $\omega=0.5$, $\Omega=6.0$, $\omega_0^2=-1.0$, $\beta=1$, $\gamma=0.1$

2. 单稳势函数的情况

当 $\omega_0^2+\gamma \geqslant 0$ 时, 原系统具有单稳势函数, 分以下两种情况。

情况 1

当参数满足

$$\omega^\alpha \cos\left(\frac{\alpha\pi}{2}\right) < -[\omega_0^2 + \gamma \cos(\omega\tau)] \tag{9.21}$$

共振发生在

$$F_{\mathrm{VR}} = \left\{ -\frac{2\mu^2}{3\beta} \left[\omega_0^2 + \omega^\alpha \cos\left(\frac{\alpha\pi}{2}\right) + \gamma \cos(\omega\tau) \right] \right\}^{\frac{1}{2}} \tag{9.22}$$

响应幅值增益 Q 的最大值由式 (9.16) 确定。

情况 2

当参数满足

$$\omega^\alpha \cos\left(\frac{\alpha\pi}{2}\right) \geqslant -[\omega_0^2 + \gamma \cos(\omega\tau)] \tag{9.23}$$

响应幅值增益 Q 随着 F 的增大而减小。当 $F=0$ 时，响应幅值增益 Q 达到最大值

$$Q_{\max} = \frac{1}{\sqrt{\left[\omega^{\alpha}\cos\left(\frac{\alpha\pi}{2}\right) + \omega_0^2 + \gamma\cos(\omega\tau)\right]^2 + \left[\gamma\sin(\omega\tau) - \omega^{\alpha}\sin\left(\frac{\alpha\pi}{2}\right)\right]^2}} \tag{9.24}$$

根据式 (9.21) 和式 (9.23) 中的条件，图 9.7 给出了单峰共振与双峰共振发生的区域，共振区域的分界线满足方程 $\omega^{\alpha}\cos\left(\frac{\alpha\pi}{2}\right) = -[\omega_0^2 + \gamma\cos(\omega\tau)]$。在分界线的左侧，方程 (9.23) 满足，在这一区域内，F 不会引起共振。在分界线右侧，方程 (9.21) 满足，F 作为控制参数在 F_{VR} 处引起单峰共振。

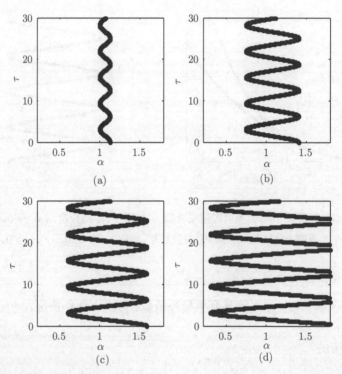

图 9.7　单势阱情况下不同共振模式的分界线，在 α-τ 平面上分界线的左侧无共振发生，分界线的右侧在 F_{VR} 处发生单峰共振，(a) $\gamma=0.1$, (b) $\gamma=0.5$, (c) $\gamma=0.7$, (d) $\gamma=1.0$，其他计算参数为 $\omega=1.0$, $\beta=1.0$, $\omega_0^2 = 0.1$

对于单势阱势函数，当 $F_{VR} > 0$ 时发生单峰共振，图 9.8 表明仅对于一些时滞量 τ 发生单峰共振。在该图中，$F_{VR} = 0$ 和 $F_{VR} > 0$ 周期性地存在，对应的无共振以及单峰共振模式周期性地发生。从条件 (9.21) 可知，当 $\alpha > 1$ 时发生单峰共振。从图 9.8 中可以看出，时滞量的大小影响共振点 F_{VR} 的位置。

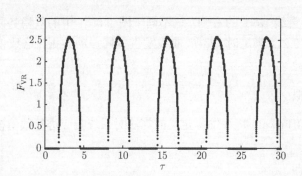

图 9.8 随着时滞量 τ 的变化, 共振的位置点 $F_{\text{VR}}=0$ 和 $F_{\text{VR}}>0$ 周期性交替地出现, 计算参数为 $\omega=1$, $\Omega=10$, $\beta=1$, $\gamma=0.1$, $\omega_0^2=0.1$, $\alpha=1.05$

在图 9.9 中, 给出了阻尼阶数 α 的变化引起 F_{VR} 的分岔。在图 9.9(a)~图 9.9(c) 中, 随着 α 的增大, F_{VR} 由 $F_{\text{VR}}=0$ 变为 $F_{\text{VR}}>0$, 这说明响应幅值增益由非共振模式变为单峰共振模式, 分岔点 α_{c} 的位置依赖于时滞量 τ 的大小。在图 9.9(d) 中, 给出了 α-τ 平面上的分岔点 α_{c}。随着时滞量 τ 的增加, α_{c} 以 $2\pi/\omega$ 周期性变化。

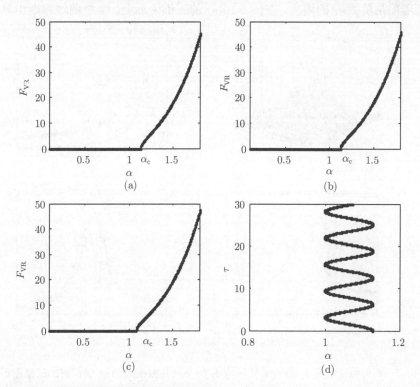

图 9.9 (a)~(c) 不同时滞量下阻尼阶数引起的 F_{VR} 的分岔, (a) $\tau=0$, (b) $\tau=0.5$, (c) $\tau=5$, (d) α-τ 平面上的分岔点 α_{c}, 其他计算参数为 $\omega=1$, $\Omega=10$, $\beta=1$, $\gamma=0.1$, $\omega_0^2=0.1$

分岔点 α_c 位于直线 $\alpha=1$ 的右侧，这不同于图 9.6(d) 中的双稳势阱情况。这是因为当且仅当式 (9.21) 满足时，$Q\text{-}F$ 曲线发生单峰振动共振，这致使分岔点发生在直线 $\alpha=1$ 右侧。

9.1.3　数值模拟

采用基于 Grünwald-Letnikov 定义的算法对系统响应进行数值模拟，方程 (9.1) 离散的算法为

$$
\begin{aligned}
x_{k+1} = & -\sum_{j=1}^{k} w_j^\alpha x_{k+1-j} \\
& + \Delta t^\alpha \left[-\omega_0^2 x_k - \beta x_k^3 - \gamma x_{k-N} + f\cos(\omega k \Delta t) + F\cos(\Omega k \Delta t) \right]
\end{aligned}
\tag{9.25}
$$

式中，二项式系数的定义及计算与第 1 章介绍的相同，Δt 是计算步长，$N = \dfrac{\tau}{\Delta t}$ 是时滞量引起的间隔点数。

对于双稳势函数情况，图 9.10 给出了阻尼阶数 α 对 $Q\text{-}F$ 曲线共振模式的影响。随着阻尼阶数 α 的增大，在图 9.10(a) 的三维图形上，$Q\text{-}F$ 曲线逐渐由单峰共

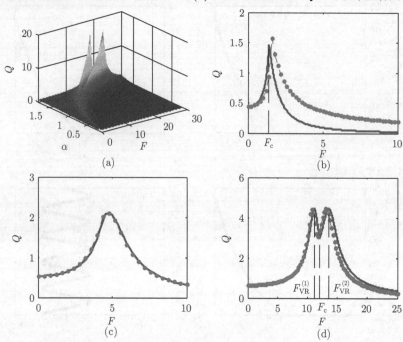

图 9.10　不同阻尼阶数 α 影响情况下 $Q\text{-}F$ 的不同共振模式，(a) 解析解的三维图形，(b) $\alpha=0.5$, (c) $\alpha=1.0$, (d) $\alpha=1.5$, 其他计算参数为 $\omega=0.5$, $f=0.025$, $\Omega=6.0$, $\omega_0^2 = -1.0$, $\beta=1$, $\gamma=0.1$, $\tau=0.5$, 实线为解析解，点线为数值解

振模式变为双峰共振模式。在图 9.10(b) 中，$\alpha=0.5$，条件式 (9.19) 满足，响应幅值增益 Q 在 $F=F_c$ 处达到最大值。在图 9.10(c) 中，$\alpha=1.0$，虽然条件式 (9.17) 满足，但 α 的取值接近于分岔点 α_c，这使得 Q-F 曲线的双峰共振模式难以发现。在图 9.10(d) 中，$\alpha=1.5$，条件式 (9.17) 满足，Q-F 曲线有明显的双峰共振模式。对于双峰共振模式，响应幅值增益 Q 在 $F_{VR}^{(1)}$ 与 $F_{VR}^{(2)}$ 处达到最大值，在 $F=F_c$ 处达到一个局部最小值。图 9.10 再一次证明了分数阶阻尼对共振模式的影响。

对于单稳势函数的情况，图 9.11 给出了阻尼阶数所引起的单峰振动共振情况。在 9.11(a) 中，给出了响应幅值增益 Q 与阻尼阶数 α 及控制参数 F 之间的关系，随着 α 的增大，Q-F 曲线呈现单峰振动共振。然而，在常微分过阻尼单稳系统中，从方程 (9.23) 可知 Q-F 曲线不会呈现振动共振。在图 9.11(b) 和图 9.11(c) 中，$\alpha=0.5$ 和 $\alpha=1.0$，式 (9.23) 中的条件满足，在 $F=0$ 处系统响应幅值增益取得最大值。在图 9.11(d) 中，$\alpha=1.5$，式 (9.21) 中的条件满足，Q-F 曲线呈现单峰振动共振，共振点 F_{VR} 为式 (9.22)，响应幅值增益 Q 的最大值为式 (9.16)。图 9.11 表明分数阶阻尼影响单稳 Duffing 系统的振动共振模式。

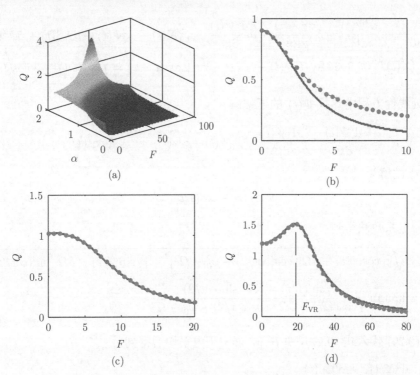

图 9.11　不同阻尼阶数 α 影响情况下 Q-F 的不同共振模式，(a) 解析解的三维图形，(b) $\alpha=0.5$，(c) $\alpha=1.0$，(d) $\alpha=1.5$，其他计算参数为 $\omega=1$，$f=0.025$，$\Omega=1.0$，$\omega_0^2=0.1$，$\beta=1$，$\gamma=0.1$，$\tau=0.5$，实线为解析解，点线为数值解

9.2　含时滞项的分数阶欠阻尼双稳系统的叉形分岔与振动共振

研究如下形式的分数阶欠阻尼时滞 Duffing 系统

$$\frac{\mathrm{d}^2 x(t)}{\mathrm{d}t^2} + \delta \frac{\mathrm{d}^\alpha x(t)}{\mathrm{d}t^\alpha} - \omega_0^2 x(t) + \beta x^3(t) + \gamma x(t-\tau) = f\cos(\omega t) + F\cos(\Omega t) \quad (9.26)$$

系统参数满足 $\delta > 0$, $\omega_0^2 > 0$, $\beta > 0$, $\tau \geqslant 0$, $f \ll 1$, $\omega \ll \Omega$。当 $\tau=0$ 时, 系统势函数为 $V(x) = \frac{1}{2}(\gamma - \omega_0^2)x^2 + \frac{1}{4}\beta x^4$, 当 $\gamma - \omega_0^2 < 0$ 时, 势函数具有双稳形状, 本节考虑这种情况。

9.2.1　响应幅值增益

令 $x(t) = X(t) + \Psi(t)$, X 和 Ψ 分别为周期为 $2\pi/\omega$ 和 $2\pi/\Omega$ 的慢变量和快变量

$$\frac{\mathrm{d}^2 X(t)}{\mathrm{d}t^2} + \frac{\mathrm{d}^2 \Psi(t)}{\mathrm{d}t^2} + \delta \frac{\mathrm{d}^\alpha X(t)}{\mathrm{d}t^\alpha} + \delta \frac{\mathrm{d}^\alpha \Psi(t)}{\mathrm{d}t^\alpha} - \omega_0^2 X(t) - \omega_0^2 \Psi(t) + \beta X^3(t) + \beta \Psi^3(t)$$
$$+3\beta X(t)\Psi^2(t) + 3\beta X^2(t)\Psi(t) + \gamma X(t-\tau) + \gamma \Psi(t-\tau) = f\cos(\omega t) + F\cos(\Omega t) \quad (9.27)$$

在下列线性方程中寻找 $\Psi(t)$ 的近似解

$$\frac{\mathrm{d}^2 \Psi(t)}{\mathrm{d}t^2} + \delta \frac{\mathrm{d}^\alpha \Psi(t)}{\mathrm{d}t^\alpha} - \omega_0^2 \Psi(t) + \gamma \Psi(t-\tau) = F\cos(\Omega t) \quad (9.28)$$

令 $\Psi(t)$ 的解为

$$\Psi(t) = \frac{F}{\mu}\cos(\Omega t + \phi) \quad (9.29)$$

利用待定系数法得到

$$\begin{cases} \mu = \sqrt{\left[\gamma\cos(\Omega\tau) + \delta\Omega^\alpha\cos(\alpha\pi/2) - \omega_0^2 - \Omega^2\right]^2 + \left[\gamma\sin(\Omega\tau) - \delta\Omega^\alpha\sin(\alpha\pi/2)\right]^2} \\ \phi = \arctan\dfrac{\gamma\sin(\Omega\tau) - \delta\Omega^\alpha\sin(\alpha\pi/2)}{\gamma\cos(\Omega\tau) + \delta\Omega^\alpha\cos(\alpha\pi/2) - \omega_0^2 - \Omega^2} \end{cases} \quad (9.30)$$

将式 (9.29) 代入式 (9.27), 并在 $[0, 2\pi/\Omega]$ 内平均后得到

$$\frac{\mathrm{d}^2 X(t)}{\mathrm{d}t^2} + \delta \frac{\mathrm{d}^\alpha X(t)}{\mathrm{d}t^\alpha} + C_1 X(t) + \beta X^3(t) + \gamma X(t-\tau) = f\cos(\omega t) \quad (9.31)$$

式中, $C_1 = \dfrac{3\beta F^2}{2\mu^2} - \omega_0^2$。

当 $f=0$ 和 $\tau=0$ 时,系统 (9.31) 的平衡点为

$$X_0^* = 0, \quad X_{\pm}^* = \pm\sqrt{-(C_1+\gamma)/\beta} \tag{9.32}$$

令 $Y(t) = X(t) - X^*$,X^* 为等价系统 (9.31) 的平衡点

$$\frac{\mathrm{d}^2 Y(t)}{\mathrm{d}t^2} + \delta\frac{\mathrm{d}^\alpha Y(t)}{\mathrm{d}t^\alpha} + \omega_\mathrm{r}^2 Y(t) + 3\beta X^* Y^2(t) + \beta Y^3(t) + \gamma Y(t-\tau) = f\cos(\omega t) \tag{9.33}$$

式中,$\omega_\mathrm{r}^2 = C_1 + 3\beta X^{*2}$。令 $Y(t) = A_\mathrm{L}\cos(\omega t+\theta)$,解线性方程

$$\frac{\mathrm{d}^2 Y(t)}{\mathrm{d}t^2} + \delta\frac{\mathrm{d}^\alpha Y(t)}{\mathrm{d}t^\alpha} + \omega_\mathrm{r}^2 Y(t) + \gamma Y(t-\tau) = f\cos(\omega t) \tag{9.34}$$

得到

$$\begin{cases} A_\mathrm{L} = \dfrac{f}{\sqrt{[\omega_\mathrm{r}^2 + \gamma\cos(\omega\tau) + \delta\omega^\alpha\cos(\alpha\pi/2) - \omega^2]^2 + [\gamma\sin(\omega\tau) - \delta\omega^\alpha\sin(\alpha\pi/2)]^2}} \\ \theta = \arctan\dfrac{\gamma\sin(\omega\tau) - \delta\omega^\alpha\sin(\alpha\pi/2)}{\omega_\mathrm{r}^2 + \gamma\cos(\omega\tau) + \delta\omega^\alpha\cos(\alpha\pi/2) - \omega^2} \end{cases} \tag{9.35}$$

响应幅值增益为

$$Q = \frac{1}{\sqrt{[\omega_\mathrm{r}^2 + \gamma\cos(\omega\tau) + \delta\omega^\alpha\cos(\alpha\pi/2) - \omega^2]^2 + [\gamma\sin(\omega\tau) - \delta\omega^\alpha\sin(\alpha\pi/2)]^2}} \tag{9.36}$$

在式 (9.36) 中,如果以 F 为控制参数,当发生振动共振时满足

$$\omega_\mathrm{r}^2 = \omega^2 - \gamma\cos(\omega\tau) - \delta\omega^\alpha\cos(\alpha\pi/2) \tag{9.37}$$

9.2.2 分岔分析

以 F 为控制参数,在式 (9.23) 中,当 $C_1+\gamma < 0$ 时,且满足

$$F < F_\mathrm{c} = \left[\frac{2\mu^2}{3\beta}(\omega_0^2 - \gamma)\right]^{\frac{1}{2}} \tag{9.38}$$

时,存在稳定的平衡点 $X_{\pm}^*$。否则,当

$$F \geqslant F_\mathrm{c} = \left[\frac{2\mu^2}{3\beta}(\omega_0^2 - \gamma)\right]^{\frac{1}{2}} \tag{9.39}$$

时,仅存在稳定的平衡点 X_0^*,$F = F_\mathrm{c}$ 是引起叉形分岔的分岔点。

当 $F < F_c$ 时，慢变量围绕 $X_{\pm}^*$ 运动，$X_{\pm}^* = \pm\sqrt{-(C_1+\gamma)/\beta}$，分析式 (9.36) 可知在 $F_{VR}^{(1)}$ 处 Q-F 曲线发生共振，其中

$$F_{VR}^{(1)} = \left\{ \frac{\mu^2}{3\beta} \left[2\omega_0^2 - 3\gamma - \omega^2 + \delta\omega^\alpha \cos(\alpha\pi/2) + \gamma\cos(\omega\tau) \right] \right\}^{\frac{1}{2}} < F_c \tag{9.40}$$

此时参数条件满足

$$\omega^2 + 3\gamma - 2\omega_0^2 - \gamma\cos(\omega\tau) < \delta\omega^\alpha \cos(\alpha\pi/2) < \omega^2 + \gamma - \gamma\cos(\omega\tau) \tag{9.41}$$

当 $F > F_c$ 时，慢变量围绕 $X^* = 0$ 运动，分析式 (9.36) 可知在 $F_{VR}^{(2)}$ 处 Q-F 曲线发生振动共振

$$F_{VR}^{(2)} = \left\{ \frac{2\mu^2}{3\beta} \left[\omega_0^2 + \omega^2 - \delta\omega^\alpha \cos(\alpha\pi/2) - \gamma\cos(\omega\tau) \right] \right\}^{\frac{1}{2}} > F_c \tag{9.42}$$

此时参数条件满足

$$\delta\omega^\alpha \cos(\alpha\pi/2) < \omega^2 + \gamma - \gamma\cos(\omega\tau) \tag{9.43}$$

分以下几种情况：

(1) 当满足式 (9.39) 时，Q-F 曲线的共振发生在 $F_{VR}^{(1)}$ 和 $F_{VR}^{(2)}$ 两处，Q 的峰值为

$$Q_{max}^{(1)} = \frac{1}{|\gamma\sin(\omega\tau) - \delta\omega^\alpha \sin(\alpha\pi/2)|} \tag{9.44}$$

在 $F = F_c$ 处，响应幅值增益 Q 为局部最小值。

(2) 当参数满足

$$\delta\omega^\alpha \cos(\alpha\pi/2) \leqslant \omega^2 + 3\gamma - 2\omega_0^2 - \gamma\cos(\omega\tau) \tag{9.45}$$

时，Q-F 曲线的共振发生在 $F_{VR}^{(2)}$ 处，Q 的峰值为 $Q_{max}^{(1)}$。

(3) 当参数满足

$$\delta\omega^\alpha \cos(\alpha\pi/2) \geqslant \omega^2 + \gamma - \gamma\cos(\omega\tau) \tag{9.46}$$

时，$F_{VR}^{(1)}$ 和 $F_{VR}^{(2)}$ 都不存在，Q-F 曲线的共振发生在 $F = F_c$ 处。Q 的峰值为

$$Q_{max}^{(2)} = \frac{1}{\sqrt{[\gamma\cos(\omega\tau) + \delta\omega^\alpha \cos(\alpha\pi/2) - \gamma - \omega^2]^2 + [\gamma\sin(\omega\tau) - \delta\omega^\alpha \sin(\alpha\pi/2)]^2}} \tag{9.47}$$

以下进行数值仿真验证，如无特殊说明，参数取为 $f = 0.1$，$\omega_0^2 = 1$，$\beta = 1$，$\gamma = 0.1$。

1. 阻尼阶数 α 引起的分岔

以高频信号为控制参数，令 $W = \delta\omega^\alpha \cos(\alpha\pi/2)$，$W_1 = \omega^2 + 3\gamma - 2\omega_0^2 - \gamma\cos(\omega\tau)$，$W_2 = \omega^2 + \gamma - \gamma\cos(\omega\tau)$，在图 9.12(a) 中，条件 (9.41) 总是满足，Q-F 曲线在 $F_{\mathrm{VR}}^{(1)}$ 和 $F_{\mathrm{VR}}^{(2)}$ 处发生双峰振动共振。在图 9.12 (b)~图 9.12(d) 中，利用解析法和数值模拟法对这一结果进行了验证。当 α 从 0.4 到 1.4 变化时，$F_{\mathrm{VR}}^{(1)}$ 逐渐变小，$F_{\mathrm{VR}}^{(2)}$ 逐渐变大。对这种情况，阻尼阶数 α 的变化不会引起叉形分岔。

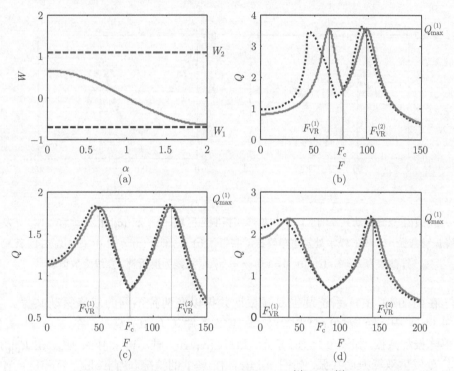

图 9.12 (a) 双峰振动共振响应区域，(b)~(d) 发生在 $F_{\mathrm{VR}}^{(1)}$ 和 $F_{\mathrm{VR}}^{(2)}$ 处的双峰振动共振，(b) $\alpha=0.4$，(c) $\alpha=1.0$，(d) $\alpha=1.4$，其他计算参数为 $\omega=1$，$\Omega=10$，$\delta=0.65$，$\tau=\pi/2$，实线为解析解，点线为数值解

在图 9.13 中，给出了阻尼阶数引起的振动共振模式的变化。在图 9.13(a) 中，出现对应于双峰振动共振与单峰振动共振的区域。当 $0<\alpha<\alpha_c$ 时，条件 (9.41) 满足，系统响应在 $F_{\mathrm{VR}}^{(1)}$ 和 $F_{\mathrm{VR}}^{(2)}$ 处发生双峰振动共振。当 $a_c \leqslant a < 2$ 时，式 (9.45) 满足，系统响应在 $F_{\mathrm{VR}}^{(2)}$ 处发生单峰振动共振。图 9.13(b)~图 9.13(d) 中，对图 9.13(a) 中的预测结果进行了验证。当 $\alpha=0.5$ 和 1.0 时，$W_1 < W < W_2$，系统响应发生双峰振动共振现象，如图 9.13(b) 和图 9.13(c) 所示。当 $\alpha=1.6$ 时，$W < W_1$，在 $F_{\mathrm{VR}}^{(2)}$ 处发生单峰振动共振，在 F_c 处 Q 达到局部最小值，如图 9.13(d) 所示。

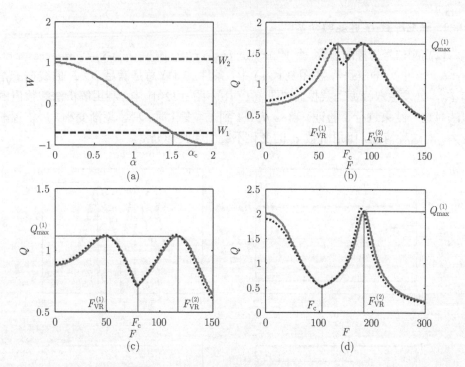

图 9.13　(a) 双峰振动共振响应区域和单峰共振响应区域, (b) 和 (c) 在 $F_{\mathrm{VR}}^{(1)}$ 和 $F_{\mathrm{VR}}^{(2)}$ 处发生双峰振动共振, (d) 在 $F_{\mathrm{VR}}^{(2)}$ 处发生单峰振动共振, (b) $\alpha=0.4$, (c) $\alpha=1.0$, (d) $\alpha=1.4$, 其他计算参数为 $\omega=1$, $\Omega=10$, $\delta=1.0$, $\tau=\pi/2$, 实线为解析解, 点线为数值解

在图 9.14 中, 系统发生双峰振动共振以及两种不同的双峰振动共振。在图 9.14(a) 中, 当 $\alpha\in(0,\alpha_1]$ 时, $W\geqslant W_2$, 条件式 (9.46) 满足, 在 $F=F_{\mathrm{c}}$ 处发生单峰振动共振, 如图 9.14 (b) 所示。当 $\alpha\in(\alpha_1,\alpha_2)$ 时, $W_1<W<W_2$, 在 $F_{\mathrm{VR}}^{(1)}$ 和 $F_{\mathrm{VR}}^{(2)}$ 处发生双峰振动共振, 如图 9.14(c) 中 $\alpha=1$ 的情况。当 $\alpha\in[\alpha_2,2)$, $W<W_1$, 在 $F_{\mathrm{VR}}^{(2)}$ 处发生单峰振动共振, 在 F_{c} 处 Q 达到局部最小值, 如图 9.14(d) 所示。

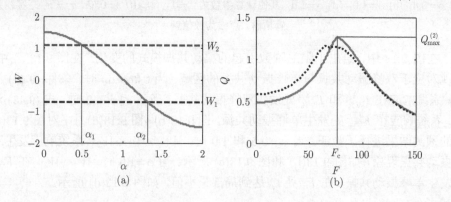

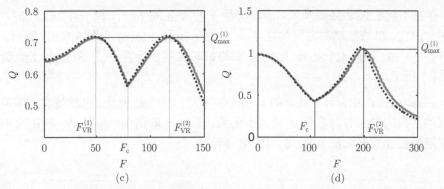

图 9.14　(a) 双峰振动共振响应区域和单峰共振响应区域, (b) 在 F_c 处发生单峰振动共振, $\alpha=0.4$, (c) 在 $F_{\mathrm{VR}}^{(1)}$ 和 $F_{\mathrm{VR}}^{(2)}$ 处发生双峰振动共振, $\alpha=1.0$, (d) 在 $F_{\mathrm{VR}}^{(2)}$ 处发生单峰振动共振, $\alpha=1.5$, 其他计算参数为 $\omega=1.0$, $\Omega=10$, $\delta=1.5$, $\tau=\pi/2$, 实线为解析解, 点线为数值解

2. 时滞量 τ 引起的分岔

固定阻尼阶数 α, 时滞量 τ 的变化也能引起振动共振模式的分岔。在图 9.15 中给出了时滞量对共振模式的影响情况。在图 9.15 (a) 中, 在 $\tau\in(0,\,2\pi/\omega)$ 范围

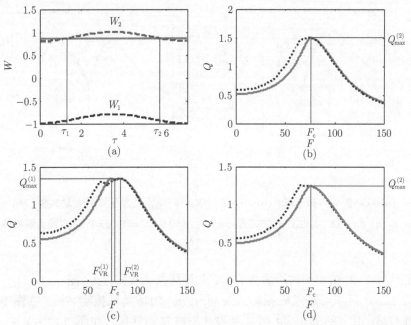

图 9.15　(a) 双峰振动共振响应区域和单峰共振响应区域, (b) 和 (d) 在 F_c 处发生单峰振动共振, (c) 在 $F_{\mathrm{VR}}^{(1)}$ 和 $F_{\mathrm{VR}}^{(2)}$ 处发生双峰振动共振, (b) $\tau=1.0$, (c) $\tau=3.5$, (d) $\tau=6.28$, 其他计算参数为 $\alpha=0.45$, $\omega=0.9$, $\Omega=10$, $\delta=1.2$, 实线为解析解, 点线为数值解

内, 存在不同的振动共振模式。当时滞量 τ 位于区间 $(0,\tau_1]$ 和 $[\tau_2, 2\pi/\omega)$ 时, 满足 $W \geqslant W_2$, 单峰振动共振发生在 $F = F_c$ 处, 如图 9.15(b) 和图 9.15(d) 所示。在 $\tau \in (\tau_1, \tau_2)$ 范围内, $W_1 < W < W_2$, 双峰振动共振发生在 $F_{VR}^{(1)}$ 和 $F_{VR}^{(2)}$ 处, 如图 9.15 (c) 所示。

在图 9.16(a) 中, 对于任意的 τ 值, 条件式 (9.41) 总满足, 也就是说该图中双峰振动共振的发生与时滞量 τ 的大小无关。无论 τ 取何值, 总有 $W_1 < W < W_2$, 发生双峰振动共振如图 9.16 (b)~图 (d) 所示。

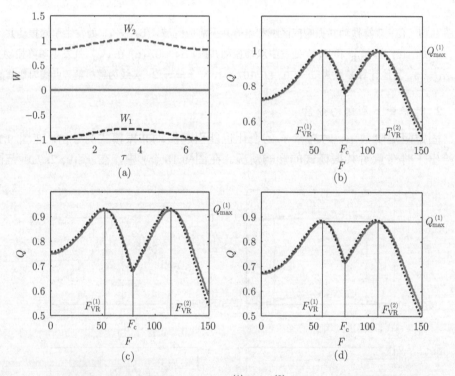

图 9.16　(a) 双峰振动共振区域, (b)~(d) 在 $F_{VR}^{(1)}$ 和 $F_{VR}^{(2)}$ 处发生双峰振动共振, (b) $\tau=1.0$, (c) $\tau=3.5$, (d) $\tau=6.28$, 其他计算参数为 $\alpha=1.0$, $\omega=0.9$, $\Omega=10$, $\delta=1.2$, 实线为解析解, 点线为数值解

在图 9.17 中, 给出了时滞参数 τ 引起的不同振动共振行为。图 9.17(a) 中, $(0,\tau_1)$ 和 $(\tau_2, 2\pi/\omega)$ 区域对应双峰振动共振, $[\tau_1, \tau_2]$ 对应单峰振动共振。在图 9.17(b) 和图 9.17(d) 中, 在 $F_{VR}^{(1)}$ 和 $F_{VR}^{(2)}$ 处发生双峰振动共振。在图 9.17 (c) 中, 满足 $W < W_1$, 在 $F_{VR}^{(2)}$ 处发生单峰振动共振。从图 9.14~图 9.17 可发现, 时滞参数 τ 引起振动共振模式的分岔。

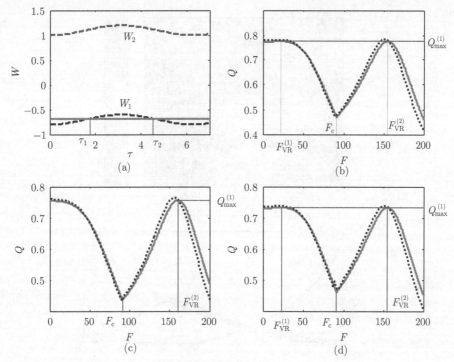

图 9.17　(a) 双峰振动共振响应区域和单峰共振响应区域, (b) 和 (d) 在 $F_{\mathrm{VR}}^{(1)}$ 和 $F_{\mathrm{VR}}^{(2)}$ 处发生双峰振动共振, (c) 在 $F_{\mathrm{VR}}^{(2)}$ 处发生单峰振动共振, (b) $\tau{=}0.5$, (c) $\tau{=}3.0$, (d) $\tau{=}6.0$, 其他计算参数为 $\alpha{=}1.3$, $\omega{=}1.0$, $\Omega{=}10$, $\delta{=}1.5$, 实线为解析解, 点线为数值解

3. 阻尼阶数对响应幅值增益的影响

在图 9.18(a) 中, 给出了响应幅值增益 Q 与控制参数 F 以及阻尼阶数 α 的函数关系. 对于不同的 F 值, 将阻尼阶数做为可控量, Q 与 α 之间呈现不同的单调关系. 在图 9.18(b) 中, 当 $F{=}20$ 时, Q 是 α 的单调递增关系. 当 $F{=}80$ 和 $F{=}130$ 时, Q 是 α 的非单调函数. 这说明 Q 与 α 之间的单调性依赖于高频信号幅值 F 的大小. 图 9.18 的 MATLAB 仿真程序见 9.4 节.

4. 时滞量引起的周期性振动共振

在图 9.19 中, 根据解析结果给出了响应幅值增益 Q 与阻尼阶数 α 以及时滞量 τ 之间的函数关系. 当 Ω/ω 是正整数时, 时滞量 τ 引起周期性的振动共振, 周期为低频激励信号的周期, 即 $Q(\tau{+}2\pi/\omega){=}Q(\tau)$, 如图 9.20 所示. 在图 9.21 中, Ω/ω 是无理数, $Q(\tau{+}2\pi/\omega)$ 接近但不等于 $Q(\tau)$. 响应幅值增益 Q 与时滞量 τ 之间呈现准周期振动共振现象.

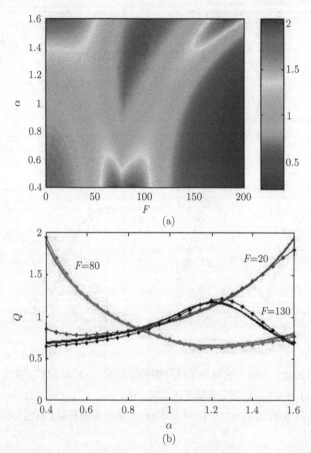

(a)

(b)

图 9.18　(a) 响应幅值增益 Q 的解析解与 F 及 α 之间的关系，(b) F 取值不同时响应幅值增益 Q 与阻尼阶数 α 之间的关系，计算参数为 $\omega=1$，$\Omega=10$，$\delta=1.0$，$\tau=\pi/2$，实线为解析解，点线为数值解

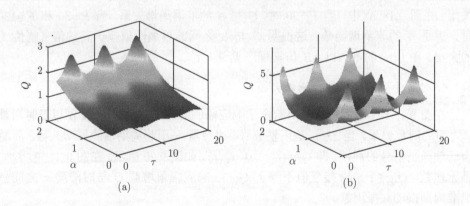

(a)

(b)

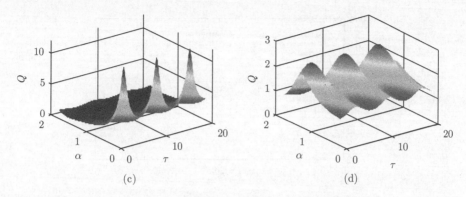

图 9.19　响应幅值增益 Q 与阻尼阶数 α 以及时滞量 τ 之间的关系, (a) $F=20$, (b) $F=67$, (c) $F=90$, (d) $F=115$, 其他计算参数为 $\omega = \sqrt{3}/2$, $\Omega=10$, $\delta=0.6$

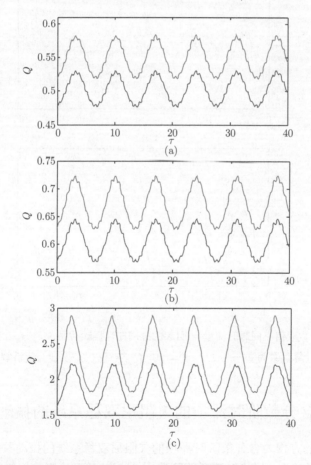

图 9.20　阻尼阶数 α 取值不同时时滞量 τ 引起的周期性振动共振, (a) $\alpha=0.7$, (b) $\alpha=1.0$, (c) $\alpha=1.5$, 其他计算参数为 $\omega=0.9$, $F=120$, $\Omega=9$, $\delta=0.6$, 实线为解析解, 点线为数值解

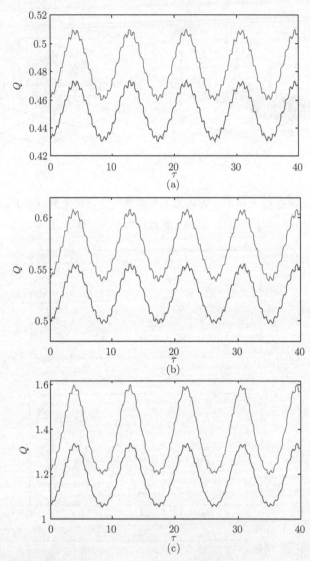

图 9.21　阻尼阶数取值不同时时滞量 τ 引起的准周期性振动共振, (a) α=0.7, (b) α=1.0, (c) α=1.5, 其他计算参数为 $\omega = \sqrt{2}/2$, F=120, Ω=9, δ=0.6, 实线为解析解, 点线为数值解

9.3　含分数阶时滞项的欠阻尼双稳系统的振动共振

本节讨论的方程为含分数阶时滞项的欠阻尼双稳系统的振动共振, 对双稳系统和单稳系统的情况, 讨论时滞项的阶数 α 对振动共振的影响规律.

9.3.1 响应幅值增益

研究方程为

$$\frac{\mathrm{d}^2x(t)}{\mathrm{d}t^2} + \delta\frac{\mathrm{d}x(t)}{\mathrm{d}t} + \omega_0^2 x + \beta x^3 + \gamma\frac{\mathrm{d}^\alpha x(t-\tau)}{\mathrm{d}t^\alpha} = f\cos(\omega t) + F\cos(\Omega t) \qquad (9.48)$$

式中，δ, ω_0^2, β 是系统参数，$\delta > 0$, $\beta > 0$，激励信号满足 $f \ll 1$, $\omega \ll \Omega$, $\dfrac{\mathrm{d}^\alpha x(t-\tau)}{\mathrm{d}t^\alpha}$ 是分数阶形式的时滞反馈项，γ 和 τ 分别代表时滞反馈项的反馈强度和时滞量的大小，假设 $\gamma > 0$。与常规的位移反馈、速度反馈、加速度反馈相比，分数阶形式的时滞反馈具有一些独特的优点 [17]。当 $\alpha = 0$ 时，$\dfrac{\mathrm{d}^\alpha x(t-\tau)}{\mathrm{d}t^\alpha}$ 退化为位移反馈，当 $\alpha = 1$ 和 $\alpha = 2$ 时，$\dfrac{\mathrm{d}^\alpha x(t-\tau)}{\mathrm{d}t^\alpha}$ 退化为速度反馈和加速度反馈。当 $\alpha = 0$ 时，系统的势函数 $V(x) = \dfrac{1}{2}(\omega_0^2 + \gamma)x^2 + \dfrac{1}{4}\beta x^4$，当 $0 < \alpha \leqslant 2$ 时，系统的势函数为 $V(x) = \dfrac{1}{2}\omega_0^2 x^2 + \dfrac{1}{4}\beta x^4$。当 $\alpha = 0$ 时，满足 $\omega_0^2 + \gamma < 0$ 时，$V(x)$ 具有双稳势函数形状，满足 $\omega_0^2 + \gamma > 0$ 时，$V(x)$ 具有单稳势函数形状。当 $0 < \alpha \leqslant 2$ 时，满足 $\omega_0^2 < 0$ 时，$V(x)$ 具有双稳势函数形状，满足 $\omega_0^2 > 0$ 时，$V(x)$ 具有单稳势函数形状。势函数的形状与反馈的阶数 α 相关。

令 $x = X + \Psi$，其中 X 和 Ψ 是周期分别为 $2\pi/\omega$ 和 $2\pi/\Omega$ 的慢变量和快变量

$$\frac{\mathrm{d}^2X}{\mathrm{d}t^2} + \frac{\mathrm{d}^2\Psi}{\mathrm{d}t^2} + \delta\frac{\mathrm{d}X}{\mathrm{d}t} + \delta\frac{\mathrm{d}\Psi}{\mathrm{d}t} + \omega_0^2 X + \omega_0^2 \Psi + \beta X^3 + 3\beta X^2\Psi + 3\beta X\Psi^2 + \beta\Psi^3$$

$$+\gamma\frac{\mathrm{d}^\alpha X(t-\tau)}{\mathrm{d}t^\alpha} + \gamma\frac{\mathrm{d}^\alpha \Psi(t-\tau)}{\mathrm{d}t^\alpha} = f\cos(\omega t) + F\cos(\Omega t)$$

$$(9.49)$$

在下列线性方程中寻找 Ψ 的近似解

$$\frac{\mathrm{d}^2\Psi}{\mathrm{d}t^2} + \delta\frac{\mathrm{d}\Psi}{\mathrm{d}t} + \omega_0^2 \Psi + \gamma\frac{\mathrm{d}^\alpha \Psi(t-\tau)}{\mathrm{d}t^\alpha} = F\cos(\Omega t) \qquad (9.50)$$

假设 Ψ 的近似解形式为

$$\Psi = \frac{F}{\mu}\Omega^\alpha \cos(\Omega t - \phi) \qquad (9.51)$$

用待定系数法得到

$$\begin{cases} \mu = \sqrt{\left[\omega_0^2 - \Omega^2 + \gamma\Omega^\alpha \cos\left(\dfrac{\alpha\pi}{2} - \Omega\tau\right)\right]^2 + \left[\delta\Omega + \gamma\Omega^\alpha \sin\left(\dfrac{\alpha\pi}{2} - \Omega\tau\right)\right]^2} \\[4mm] \phi = \arctan\dfrac{\delta\Omega + \gamma\Omega^\alpha \sin\left(\dfrac{\alpha\pi}{2} - \Omega\tau\right)}{\omega_0 - \Omega^2 + \gamma\Omega^\alpha \cos\left(\dfrac{\alpha\pi}{2} - \Omega\tau\right)} \end{cases}$$

$$(9.52)$$

将式 (9.51) 代入式 (9.49)，在 $[0, 2\pi/\Omega]$ 内积分得到关于慢变量的方程

$$\frac{\mathrm{d}^2 X}{\mathrm{d}t^2} + \delta\frac{\mathrm{d}X}{\mathrm{d}t} + C_1 X + \beta X^3 + \gamma\frac{\mathrm{d}^\alpha X(t-\tau)}{\mathrm{d}t^\alpha} = f\cos(\omega t) \tag{9.53}$$

式中，$C_1 = \omega_0^2 + \dfrac{3\beta F^2}{2\mu^2}$。

1. 双稳势函数的情况

当 $f=0$ 时，令系统 (9.53) 从双稳态变为单稳态的分岔点为 F_c，当 $\alpha=0$ 时，$F_c = \sqrt{-\dfrac{2\mu^2(\omega_0^2+\gamma)}{3\beta}}$。当 $F < F_c$ 时，系统 (9.53) 具有稳定的平衡点 $X_\pm^* = \pm\sqrt{-\dfrac{C_1+\gamma}{\beta}}$。当 $F \geqslant F_c$ 时，系统 (9.53) 稳定的平衡点为 $X_0^* = 0$。当 $0 < \alpha \leqslant 2$ 时，$F_c = \sqrt{-\dfrac{2\mu^2\omega_0^2}{3\beta}}$，当 $F < F_c$ 时，系统 (9.53) 稳定的平衡点为 $X_\pm^* = \pm\sqrt{-\dfrac{C_1}{\beta}}$，当 $F \geqslant F_c$ 时，系统 (9.53) 稳定的平衡点为 $X_0^* = 0$。

2. 单稳势函数的情况

单稳势函数形状参数满足 $C_1 > 0$，$\beta > 0$，$\gamma > 0$，等价系统仅具有一个稳定的平衡点 $X_0^* = 0$。慢变量围绕稳定的平衡点运动，令 $Y = X - X^*$，得到

$$\frac{\mathrm{d}^2 Y}{\mathrm{d}t^2} + \delta\frac{\mathrm{d}Y}{\mathrm{d}t} + \omega_r^2 Y + 3\beta X^* Y^2 + \beta Y^3 + \gamma\frac{\mathrm{d}^\alpha Y(t-\tau)}{\mathrm{d}t^\alpha} = f\cos(\omega t) \tag{9.54}$$

式中，$\omega_r^2 = C_1 + 3\beta X^{*2}$，对于 $f \ll 1$，在下列线性方程中寻找 Y 的近似解

$$\frac{\mathrm{d}^2 Y}{\mathrm{d}t^2} + \delta\frac{\mathrm{d}Y}{\mathrm{d}t} + \omega_r^2 Y + \gamma\frac{\mathrm{d}^\alpha Y(t-\tau)}{\mathrm{d}t^\alpha} = f\cos(\omega t) \tag{9.55}$$

当 $t \to \infty$ 时，令 $Y = A_L\cos(\omega t - \theta)$，根据待定系数法得到

$$\begin{cases} A_L = \dfrac{f}{\sqrt{\left[\omega_r^2 - \omega^2 + \gamma\omega^\alpha\cos\left(\dfrac{\alpha\pi}{2} - \omega\tau\right)\right]^2 + \left[\delta\omega + \gamma\omega^\alpha\sin\left(\dfrac{\alpha\pi}{2} - \omega\tau\right)\right]^2}} \\[4mm] \theta = \arctan\dfrac{\delta\omega + \gamma\omega^\alpha\sin\left(\dfrac{\alpha\pi}{2} - \omega\tau\right)}{\omega_r^2 - \omega^2 + \gamma\omega^\alpha\cos\left(\dfrac{\alpha\pi}{2} - \omega\tau\right)} \end{cases} \tag{9.56}$$

响应幅值增益为

$$Q = \frac{1}{\sqrt{\left[\omega_r^2 - \omega^2 + \gamma\omega^\alpha\cos\left(\dfrac{\alpha\pi}{2} - \omega\tau\right)\right]^2 + \left[\delta\omega + \gamma\omega^\alpha\sin\left(\dfrac{\alpha\pi}{2} - \omega\tau\right)\right]^2}} \tag{9.57}$$

9.3.2 振动共振

在式 (9.57) 中, F 包含在参数 ω_{r}^2 中, 当 $\left[\omega_{\mathrm{r}}^2 - \omega^2 + \gamma\omega^\alpha\cos\left(\dfrac{\alpha\pi}{2} - \omega\tau\right)\right]^2$ 取最小值, 响应幅值增益 Q 有最大值。根据式 (9.57) 有如下结果。

1. 双稳势函数的情况

稳定平衡点 X^* 与时滞阶数 α 有关, 分以下两种情况讨论:

情况 1 $\alpha = 0$

当

$$0 < \omega^2 < \gamma\cos\omega\tau - 3\gamma - 2\omega_0^2 \tag{9.58}$$

时, 共振发生在 $F_{\mathrm{VR}}^{(1)}$ 和 $F_{\mathrm{VR}}^{(2)}$, 这里 $F_{\mathrm{VR}}^{(1)}$ 和 $F_{\mathrm{VR}}^{(2)}$ 为方程 $\left[\omega_{\mathrm{r}}^2 - \omega^2 + \gamma\omega^\alpha\cos\left(\dfrac{\alpha\pi}{2} - \omega\tau\right)\right]^2 = 0$ 的两个根, 解得

$$F_{\mathrm{VR}}^{(1)} = \sqrt{\frac{\mu^2(\gamma\cos\omega\tau - \omega^2 - 3\gamma - 2\omega_0^2)}{3\beta}} < F_{\mathrm{c}} \tag{9.59}$$

和

$$F_{\mathrm{VR}}^{(2)} = \sqrt{\frac{2\mu^2(\omega^2 - \gamma\cos\omega\tau - \omega_0^2)}{3\beta}} > F_{\mathrm{c}} \tag{9.60}$$

响应幅值增益的最大值为

$$Q_{\max}^{(1)} = Q_{\max}^{(2)} = \frac{1}{|\gamma\sin(\omega\tau) + \delta\omega|} \tag{9.61}$$

当

$$\omega^2 \geqslant \gamma\cos\omega\tau - 3\gamma - 2\omega_0^2 \tag{9.62}$$

时, 共振发生在 $F_{\mathrm{VR}}^{(2)}$, 共振的峰值仍以式 (9.61) 表示。

情况 2 $0 < \alpha \leqslant 2$

当

$$0 < \omega^2 \leqslant \gamma\omega^\alpha\cos\left(\frac{\alpha\pi}{2} - \omega\tau\right) \tag{9.63}$$

时, 方程 $\left[\omega_{\mathrm{r}}^2 - \omega^2 + \gamma\omega^\alpha\cos\left(\dfrac{\alpha\pi}{2} - \omega\tau\right)\right]^2 = 0$ 没有实数根, 振动共振发生在 $F_{\mathrm{VR}} = F_{\mathrm{c}} = \sqrt{-\dfrac{2\mu^2\omega_0^2}{3\beta}}$ 处, 响应幅值增益的最大值为

$$Q_{\max} = \frac{1}{\sqrt{\left[\gamma\omega^\alpha\cos\left(\dfrac{\alpha\pi}{2} - \omega\tau\right) - \omega^2\right]^2 + \left[\gamma\omega^\alpha\sin\left(\dfrac{\alpha\pi}{2} - \omega\tau\right) + \delta\omega\right]^2}} \tag{9.64}$$

当

$$\gamma\omega^\alpha \cos\left(\frac{\alpha\pi}{2} - \omega\tau\right) < \omega^2 < \gamma\omega^\alpha \cos\left(\frac{\alpha\pi}{2} - \omega\tau\right) - 2\omega_0^2 \tag{9.65}$$

时, 共振发生在 $F_{\mathrm{VR}}^{(1)}$ 和 $F_{\mathrm{VR}}^{(2)}$ 处, $F_{\mathrm{VR}}^{(1)}$ 和 $F_{\mathrm{VR}}^{(2)}$ 为 $\left[\omega_{\mathrm{r}}^2 - \omega^2 + \gamma\omega^\alpha \cos\left(\frac{\alpha\pi}{2} - \omega\tau\right)\right]^2 = 0$ 的根

$$F_{\mathrm{VR}}^{(1)} = \sqrt{\frac{\mu^2 \left[\gamma\omega^\alpha \cos\left(\frac{\alpha\pi}{2} - \omega\tau\right) - 2\omega_0^2 - \omega^2\right]}{3\beta}} < F_{\mathrm{c}} \tag{9.66}$$

和

$$F_{\mathrm{VR}}^{(2)} = \sqrt{\frac{2\mu^2 \left[\omega^2 - \omega_0^2 - \gamma\omega^\alpha \cos\left(\frac{\alpha\pi}{2} - \omega\tau\right)\right]}{3\beta}} > F_{\mathrm{c}} \tag{9.67}$$

在 $F_{\mathrm{VR}}^{(1)}$ 和 $F_{\mathrm{VR}}^{(2)}$ 处响应幅值增益的最大值相同, 即

$$Q_{\max}^{(1)} = Q_{\max}^{(2)} = \frac{1}{\left|\delta\omega + \gamma\omega^\alpha \sin\left(\frac{\alpha\pi}{2} - \omega\tau\right)\right|} \tag{9.68}$$

当

$$\omega^2 \geqslant \gamma\omega^\alpha \cos\left(\frac{\alpha\pi}{2} - \omega\tau\right) - 2\omega_0^2 \tag{9.69}$$

时, 共振发生在 $F_{\mathrm{VR}}^{(2)}$ 处, 响应幅值增益 Q 也为式 (9.68)。

2. 单稳势函数的情况

对单稳势函数的情况, 慢变量围绕 $X^* = 0$ 运动, 当

$$\omega^2 > \omega_0^2 - \gamma\omega^\alpha \cos\left(\frac{\alpha\pi}{2} - \omega\tau\right) \tag{9.70}$$

时, 共振发生在

$$F_{\mathrm{VR}} = \sqrt{\frac{2\mu^2 \left[\omega^2 - \omega_0^2 - \gamma\omega^\alpha \cos\left(\frac{\alpha\pi}{2} - \omega\tau\right)\right]}{3\beta}} \tag{9.71}$$

响应幅值增益 Q 的最大值以式 (9.68) 表示。对于其他的情况, 无振动共振发生, 当 $F=0$ 时, Q 的最大值为

$$Q_{\max} = \frac{1}{\sqrt{\left[\omega_0^2 - \omega^2 + \gamma\omega^\alpha \cos\left(\frac{\alpha\pi}{2} - \omega\tau\right)\right]^2 + \left[\delta\omega + \gamma\omega^\alpha \sin\left(\frac{\alpha\pi}{2} - \omega\tau\right)\right]^2}} \tag{9.72}$$

式 (9.70)~式 (9.72) 中的结果适用于 $\alpha \in [0, 2]$ 中的所有值，也就是说，对于单稳势函数的情况，结果适用于位移反馈、速度反馈、加速度反馈以及一般形式的分数阶反馈。

9.3.3 数值模拟

1. 双稳势函数的情况

在图 9.22 中，当 $\alpha=0$ 时，参数满足式 (9.60) 中的条件，当 $0 < \alpha \leqslant 2$ 时，参数满足式 (9.65) 中的条件，在 $F_{\text{VR}}^{(1)}$ 和 $F_{\text{VR}}^{(2)}$ 处发生双峰振动共振。对于 $\alpha=0$ 和 $0 < \alpha \leqslant 2$ 的情况，响应幅值增益 Q 的峰值分别以式 (9.61) 和式 (9.68) 表示。在该图中，时滞阶数 α 的变化不会改变振动共振模式，α 影响共振的位置 F_{VR} 和峰值 $Q_{\max}$ 的大小。

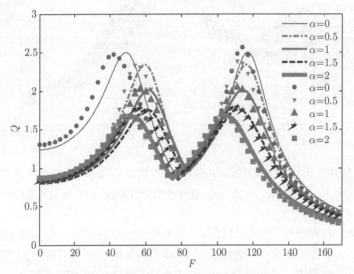

图 9.22　发生在 $F_{\text{VR}}^{(1)}$ 和 $F_{\text{VR}}^{(2)}$ 处的双峰振动共振，计算参数为 $\delta=0.5$，$\omega_0^2=-1$，$\beta=1$，$\gamma=0.1$，$\tau=1.6$，$f=0.1$，$\omega=1$，$\Omega=10$，连续的线为解析解，符号标记为数值解

在图 9.23 中，Q 与 F 之间呈现单峰振动共振，在 $F_{\text{VR}}^{(2)}$ 处 Q 取得最大值，在 F_c 处 Q 取得局部最小值。通过和图 9.22 的对比发现，将参数 ω_0^2 从 -1 变为 -0.2，系统的振动共振模式发生了变化，从双峰振动共振模式变为单峰振动共振模式。当 $\omega_0^2=-0.2$ 时，对于 $\alpha=0$ 和 $0 < \alpha \leqslant 1$ 分别满足条件式 (9.62) 和式 (9.69)，所以在 $F_{\text{VR}}^{(2)}$ 处发生单峰振动共振。在该图中，振动共振模式不受阶数 α 的影响。

2. 单稳势函数的情况

对于单稳势函数的情况，在图 9.24 中给出了 α 取值不同时，Q-F 曲线呈现单峰振动共振模式。参数取值满足条件式 (9.70), 单峰振动共振发生在 F_{VR} 处, F_{VR} 由式 (9.71) 表示。阶数 α 影响响应幅值增益 Q 的峰值位置与峰值大小。随着阶数 α 的增大, 响应幅值增益的最大值 $Q_{\max}$ 减小, 这说明位移反馈比加速度反馈能进一步地增强微弱低频信号。图 9.25 中, 参数不满足条件式 (9.70), 响应幅值增益 Q 随着 F 的增加而递减。

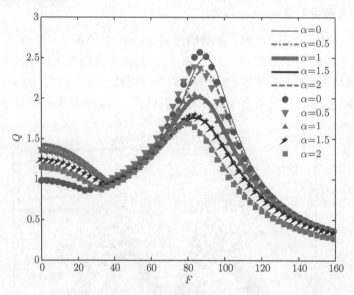

图 9.23　发生在 $F_{\mathrm{VR}}^{(2)}$ 处的单峰振动共振, 计算参数为 $\delta=0.5$, $\omega_0^2=-0.2$, $\beta=1$, $\gamma=0.1$,
$\tau=1.6$, $f=0.1$, $\omega=1$, $\Omega=10$, 连续的线为解析解, 符号标记为数值解

　　本章基于解析法与数值法得到结果基本吻合, 但也有较小的误差, 造成误差的原因有以下几个方面。第一, 快慢变量分离法本身是一种精度较低的方法, 在消去快变量的积分过程中, 慢变量被当作了常数, 这是造成误差的原因之一。第二, 快慢变量分离法对外激励具有敏感性。第三, 在分析过程中, 我们使用的势函数对阻尼阶数具有不连续性, 当 $\alpha=0$ 时, 系统势函数为 $V(x)=\frac{1}{2}(\omega_0^2+\gamma)x^2+\frac{1}{4}\beta x^4$, 当 $0<\alpha\leqslant 2$ 时, 势函数为 $V(x)=\frac{1}{2}\omega_0^2 x^2+\frac{1}{4}\beta x^4$。当 $0<\alpha<2$ 时, 本章是将分数阶导数当作阻尼来处理的, 而当 $\alpha=0$ 时应该是一个位置反馈项, 事实上当 $0<\alpha<1$ 时, 分数阶导数项既有阻尼特性又有状态变量的特性。当 $0<\alpha<1$ 时, 势函数应该有一个逐渐变化的趋势, 势函数本身应该包含阶数 α, 这难以得到解析的结果。当 $\alpha=0$ 和 $1\leqslant\alpha\leqslant 2$ 时, 分数阶导数项做为阻尼项考虑, 系统势函数不包含求导阶数 α。这种分析方式会造成系统的势函数在 $\alpha\in[0,\,2]$ 上是不连续的。第四, 数值计算本身也会造成误差, 比如离散算法的选取、计算步长等因素会造成响应的误差和误差的

累积。虽然有造成误差的诸多因素，但解析结果和数值结果基本上吻合良好，能够满足计算的要求。

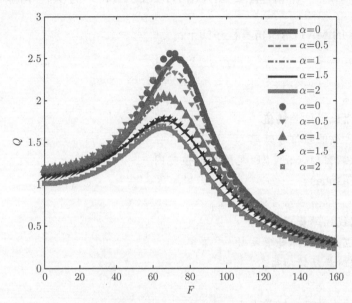

图 9.24 发生在 F_{VR} 处的单峰振动共振，计算参数为 $\delta=0.5$，$\omega_0^2=0.2$，$\beta=1$，$\gamma=0.1$，$\tau=1.6$，$f=0.1$，$\omega=1$，$\Omega=10$，连续的线为解析解，符号标记为数值解

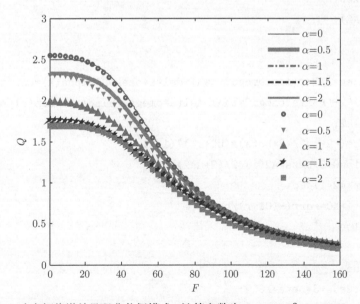

图 9.25 响应幅值增益呈现非共振模式，计算参数为 $\delta=0.5$，$\omega_0^2=1$，$\beta=1$，$\gamma=0.1$，$\tau=1.6$，$f=0.1$，$\omega=1$，$\Omega=10$，连续的线为解析解，符号标记为数值解

9.4   本章重要图形的 MATLAB 仿真程序

图 9.18 的 MATLAB 仿真程序如下：

```
clear all;
close all;
clc;
A1=0.1;    %低频信号幅值
omega1=1;    %低频信号频率
alpha=0.4:0.01:1.6;    %阻尼阶数取值范围
L1=length(alpha);
omega2=10;    %高频信号频率
w0=-1;    %线性弹簧项系数
beta=1;    %非线性弹簧项系数
r=0.1;    %时滞反馈项系数
delta=1;
tau=pi/2;    %时滞反馈量大小
%以下画解析解的伪三维图
A2=0:0.1:200;
L=length(A2);
for k=1:L1
for i=1:L
mu2=(w0-omega2^2+r*cos(omega2*tau)+delta*omega2^alpha(k)*cos(alpha(k)*
    pi/2))^2+(r*sin(omega2*tau)-delta*omega2^alpha(k)*sin(alpha(k)*
    pi/2))^2;
        Fc=(-2*mu2/(3*beta)*(w0+r))^(1/2);
        C1=w0+3*beta*A2(i)^2/(2*mu2);
        if A2(i)<Fc
            X0=sqrt(-(C1+r)/beta);
        else
            X0=0;
        end
        wr2=C1+3*beta*X0^2;
S=(wr2+delta*omega1^alpha(k)*cos(alpha(k)*pi/2)+r*cos(omega1*tau)
  -omega1^2)^2+(-delta*omega1^alpha(k)*sin(alpha(k)*pi/2)+r*
```

```
        sin(omega1*tau))^2;
            Q2(k,i)=1/sqrt(S);
        end
end
subplot(2,1,1)
pcolor(A2,alpha,Q2)
xlabel('\itF','fontsize',10,'fontname','times new roman')
ylabel('\it\alpha','fontsize',10,'fontname','times new roman')
%以下画数值解的二维图
fs=100;
h=1/fs;
N=round(40*fs*2*pi/omega1);    %采样点数
N1=round(10*fs*2*pi/omega1)+1;    %暂态响应的点数, 需截断
n=0:N-1;
t=n/fs;
F1=A1*cos(omega1.*t);
alpha=0.4:0.05:1.6;
L1=length(alpha);
x=zeros(1,N);
y=zeros(1,N);
a=tau;
%计算时滞量造成的滞后离散点数目
if a==0
    m=1;
else
        if mod(a,h)==0
            m=round(a/h);
        else
            m=1+round(a/h);
        end
end
A2=[20 80 130];
for q=1:3
    F2=A2(q)*cos(omega2.*t);
for k=1:L1
```

```
mu2=(w0-omega2^2+r*cos(omega2*tau)+delta*omega2^alpha(k)*cos(alpha(k)*
    pi/2))^2+(r*sin(omega2*tau)-delta*omega2^alpha(k)*sin(alpha(k)*
    pi/2))^2;
        Fc=(-2*mu2/(3*beta)*(w0+r))^(1/2);
        C1=w0+3*beta*A2(q)^2/(2*mu2);
        if A2(q)<Fc
            X0=sqrt(-(C1+r)/beta);
        else
        X0=0;
        end
        wr2=C1+3*beta*X0^2;
S=(wr2+delta*omega1^alpha(k)*cos(alpha(k)*pi/2)+r*cos(omega1*tau)
    -omega1^2)^2+(-delta*omega1^alpha(k)*sin(alpha(k)*pi/2)+r*
    sin(omega1*tau))^2;
        Q(q,k)=1/sqrt(S);
        alpha2=2-alpha(k);
        w=ones(1,N);
        w(1)=(1-alpha(k)-1);
        w2=ones(1,N);
        w2(1)=(1-alpha2-1);
        for j=1:m;
            w(j+1)=(1-(alpha(k)+1)/(j+1))*w(j);
            w2(j+1)=(1-(alpha2+1)/(j+1))*w2(j);
        end
        for i=m:N-1
            w(i+1)=(1-(alpha(k)+1)/(i+1))*w(i);
            w2(i+1)=(1-(alpha2+1)/(i+1))*w2(i);
            x(i+1)=-w(1:i)*x(i:-1:1)'+h^alpha(k)*y(i);
y(i+1)=-w2(1:i)*y(i:-1:1)'+h^alpha2*(-delta*y(i)-w0*x(i)-beta*x(i)^3
    -r*x(i-m+1)+F1(i)+F2(i));
        end
        t1=t(N1:N);
        x1=x(N1:N);
        z1=x1.*sin(omega1.*t1)*h;
        z2=x1.*cos(omega1.*t1)*h;
```

```
        B1=sum(z1);
        B2=sum(z2);
        R(q,k)=2/((N-N1)/fs)*sqrt(B1^2+B2^2)/A1;
    end
```
%图中线条的颜色与类型可直接设定，也可手动调节，有时手动调节设置更为
%方便
```
subplot(2,1,2)
plot(alpha,Q(q,:),'-k','linewidth',2)    %黑色实线
hold on;
plot(alpha,R(q,:),'-k.','markersize',7)    %黑色带点的线
hold on;
end
xlabel('\it\alpha','fontsize',10,'fontname','times new roman')
ylabel('\itQ','fontsize',10,'fontname','times new roman')
axis([0.4 1.6 0 2])
gtext('(a)','fontsize',12,'fontname','times new roman')
gtext('(b)','fontsize',12,'fontname','times new roman')
gtext('F=20','fontsize',10,'fontname','times new roman')
gtext('F=80','fontsize',10,'fontname','times new roman')
gtext('F=130','fontsize',10,'fontname','times new roman')
```

参 考 文 献

[1] Wang H, Ma J, Chen Y, et al. Effect of an autapse on the firing pattern transition in a bursting neuron. Communications in Nonlinear Science and Numerical Simulation, 2014, 19(9): 3242-3254.

[2] Qin H X, Ma J, Jin W Y, et al. Dynamics of electric activities in neuron and neurons of network induced by autapses. Science China Technological Sciences, 2014, 57(5): 936-946.

[3] Wirkus S, Rand R. The dynamics of two coupled van der Pol oscillators with delay coupling. Nonlinear Dynamics, 2002, 30(3): 205-221.

[4] Sun J Q, Ding Q. Advances in Analysis and Control of Time-delayed Dynamical Systems. New Jersey: World Scientific, 2013.

[5] Verdugo A, Rand R. Hopf bifurcation in a DDE model of gene expression. Communications in Nonlinear Science and Numerical Simulation, 2008, 13(2): 235-242.

[6] Verdugo A, Rand R. Center manifold analysis of a DDE model of gene expression.

Communications in Nonlinear Science and Numerical Simulation, 2008, 13(6): 1112-1120.

[7]　Camacho E, Rand R, Howland H. Dynamics of two van der Pol oscillators coupled via a bath. International Journal of Solids and Structures, 2004, 41(8): 2133-2143.

[8]　Wu F, Xu Y. Stochastic Lotka-Volterra population dynamics with infinite delay. SIAM Journal on Applied Mathematics, 2009, 70(3): 641-657.

[9]　Culshaw R V, Ruan S, Webb G. A mathematical model of cell-to-cell spread of HIV-1 that includes a time delay. Journal of Mathematical Biology, 2003, 46(5): 425-444.

[10]　Liu G P, Mu J X, Rees D, et al. Design and stability analysis of networked control systems with random communication time delay using the modified MPC. International Journal of Control, 2006, 79(4): 288-297.

[11]　Hu H Y, Wang Z H. Dynamics of controlled mechanical systems with delayed feedback. Berlin: Springer, 2013.

[12]　Zhou Y. Oscillatory Behavior of Delay Difference Equations. Beijing: Science Press, 2007.

[13]　廖晓峰, 李传东, 郭松涛. 时滞动力学系统的分岔与混沌. 北京: 科学出版社, 2015.

[14]　Sun J Q, Ding Q. 时滞动力系统的分析与控制. 北京: 高等教育出版社, 2013.

[15]　魏俊杰, 王洪滨, 蒋卫华. 时滞微分方程的分支理论及应用. 北京: 科学出版社, 2012.

[16]　Jeevarathinam C, Rajasekar S, Sanjuán M A F. Theory and numerics of vibrational resonance in Duffing oscillators with time-delayed feedback. Physical Review E, 2011, 83(6): 066205.

[17]　Wang Z H, Zheng Y G. The optimal form of the fractional-order difference feedbacks in enhancing the stability of a sdof vibration system. Journal of Sound and Vibration, 2009, 326(3): 476-488.

索　引